T0220104

Wissenschaftliche Reihe Fahrzeugtechnik Universität Stuttgart

Reihe herausgegeben von
M. Bargende, Stuttgart, Deutschland
H.-C. Reuss, Stuttgart, Deutschland
J. Wiedemann, Stuttgart, Deutschland

Das Institut für Verbrennungsmotoren und Kraftfahrwesen (IVK) an der Universität Stuttgart erforscht, entwickelt, appliziert und erprobt, in enger Zusammenarbeit mit der Industrie, Elemente bzw. Technologien aus dem Bereich moderner Fahrzeugkonzepte. Das Institut gliedert sich in die drei Bereiche Kraftfahrwesen, Fahrzeugantriebe und Kraftfahrzeug-Mechatronik. Aufgabe dieser Bereiche ist die Ausarbeitung des Themengebietes im Prüfstandsbetrieb, in Theorie und Simulation. Schwerpunkte des Kraftfahrwesens sind hierbei die Aerodynamik, Akustik (NVH), Fahrdynamik und Fahrermodellierung, Leichtbau, Sicherheit, Kraftübertragung sowie Energie und Thermomanagement – auch in Verbindung mit hybriden und batterieelektrischen Fahrzeugkonzepten.

Der Bereich Fahrzeugantriebe widmet sich den Themen Brennverfahrensentwicklung einschließlich Regelungs- und Steuerungskonzeptionen bei zugleich minimierten Emissionen, komplexe Abgasnachbehandlung, Aufladesysteme und -strategien, Hybridsysteme und Betriebsstrategien sowie mechanisch-akustischen Fragestellungen.

Themen der Kraftfahrzeug-Mechatronik sind die Antriebsstrangregelung/Hybride, Elektromobilität, Bordnetz und Energiemanagement, Funktions- und Softwareentwicklung sowie Test und Diagnose.

Die Erfüllung dieser Aufgaben wird prüfstandsseitig neben vielem anderen unterstützt durch 19 Motorenprüfstände, zwei Rollenprüfstände, einen 1:1-Fahrsimulator, einen Antriebsstrangprüfstand, einen Thermowindkanal sowie einen 1:1-Aeroakustikwindkanal.

Die wissenschaftliche Reihe „Fahrzeugtechnik Universität Stuttgart" präsentiert über die am Institut entstandenen Promotionen die hervorragenden Arbeitsergebnisse der Forschungstätigkeiten am IVK.

Reihe herausgegeben von

Prof. Dr.-Ing. Michael Bargende
Lehrstuhl Fahrzeugantriebe
Institut für Verbrennungsmotoren und
Kraftfahrwesen, Universität Stuttgart
Stuttgart, Deutschland

Prof. Dr.-Ing. Jochen Wiedemann
Lehrstuhl Kraftfahrwesen
Institut für Verbrennungsmotoren und
Kraftfahrwesen, Universität Stuttgart
Stuttgart, Deutschland

Prof. Dr.-Ing. Hans-Christian Reuss
Lehrstuhl Kraftfahrzeugmechatronik
Institut für Verbrennungsmotoren und
Kraftfahrwesen, Universität Stuttgart
Stuttgart, Deutschland

Weitere Bände in der Reihe http://www.springer.com/series/13535

Willibald Brems

Querdynamische Eigenschaftsbewertung in einem Fahrsimulator

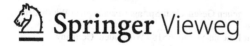

Willibald Brems
Stuttgart, Deutschland

Dissertation, Universität Stuttgart, 2018

D93

Wissenschaftliche Reihe Fahrzeugtechnik Universität Stuttgart
ISBN 978-3-658-22786-9   ISBN 978-3-658-22787-6   (eBook)
https://doi.org/10.1007/978-3-658-22787-6

Die Deutsche Nationalbibliothek verzeichnet diese Publikation in der Deutschen National-
bibliografie; detaillierte bibliografische Daten sind im Internet über http://dnb.d-nb.de abrufbar.

Gedruckt auf säurefreiem und chlorfrei gebleichtem Papier

Springer Vieweg ist ein Imprint der eingetragenen Gesellschaft Springer Fachmedien Wiesbaden
GmbH und ist ein Teil von Springer Nature
Die Anschrift der Gesellschaft ist: Abraham-Lincoln-Str. 46, 65189 Wiesbaden, Germany

Danksagung

Die vorliegende Arbeit entstand im Rahmen der Kooperation HIN (Hochschulinstitute Neckarsulm) am Lehrstuhl Kraftfahrwesen der Universität Stuttgart in enger Zusammenarbeit mit der Abteilung Eigenschaften Fahrwerkkonzepte der AUDI AG.

Mein Dank gilt meinem Doktorvater Prof. Jochen Wiedemann für die wohldosierte und unkomplizierte Betreuung, auch über die Distanz zwischen Ingolstadt und Stuttgart hinweg. Für die Übernahme des Mitberichts bedanke ich mich bei Prof. Thomas Maier, für den Prüfungsvorsitz bei Prof. Oliver Riedel.

Ein herzliches Dankeschön geht an alle Kollegen in Ingolstadt für die großartige Zusammenarbeit. Namentlich seien hier erwähnt Wolfram Remlinger, Martin Richter, Armin Ruscheinsky, Hannes Karrer und natürlich die Truppe aus dem schlauen Büro: Richard Uhlmann, Hendrik Abel, Kilian Dettlaff, Christopher Braunholz und Kai Bongert. Es war eine tolle Zeit mit euch. Bei Andreas Wagner bedanke ich mich für das entgegengebrachte Vertrauen und die Ermöglichung dieser Arbeit.

Zum Gelingen der Arbeit haben auch die Kollegen vom Lehrstuhl, insbesondere Jens Neubeck, Werner Krantz und Minh-Tri Nguyen beigetragen. Danke für die Unterstützung.

And then there is CRUDEN. It was a pleasure working with you. Many thanks to Maarten, Nico, Edwin, Jelle, Martijn and the rest of team Amsterdam.

Zuletzt bedanke ich mich auch bei meiner Familie, meinen Freunden und meiner Anna. Danke für Rücksichtnahme, Ablenkung, Ermunterung und Anerkennung. All die kleinen Dinge machen es viel leichter und können nicht genug honoriert werden.

Willibald Brems

Inhaltsverzeichnis

Abbildungsverzeichnis

Tabellenverzeichnis

Abkürzungen und Formelzeichen

Formelzeichen

Zeichen	Einheit	Bedeutung
a	m/s^2	Beschleunigung
a_0	m/s^2	Referenzbeschleunigung
a_{nenn}	m/s^2	Nennbeschleunigung
a_y	m/s^2	Querbeschleunigung
$a_{y,hex}$	m/s^2	maximale translatorische Querbeschleunigung
$a_{y,max}$	m/s^2	maximale Querbeschleunigung
$a_{y,tilt}$	m/s^2	maximale Querbeschleunigung durch Tilt
a_z	m/s^2	Normalbeschleunigung
b	m	Fahrbahnbreite
c	-	Filterkoeffizient
c_α	$N/°$	Schräglaufsteifigkeit
f	$1/s$	Frequenz
g	m/s^2	Erdbeschleunigung
H	-	Übertragungsfunktion im Bildbereich
h_b	m	Höhenunterschied zwischen linkem und rechten Fahrbahnrand
h_{basis}	m	Basis-Vorpositionierungshöhe
h_{gesamt}	m	Gesamt-Vorpositionierungshöhe
h_v	m	fahrspurabhängige Vertikalposition
i	-	Laufvariable
j	-	Laufvariable
k	-	Filterordnung
l	-	Laufvariable
m	-	Fensterbreite
n	-	Normalisierungsfaktor
p	m	Position
p_0	m	Referenzposition
p_{nenn}	m	Nennverfahrweg
p_p	m	prädizierte Position
$p_{y,max}$	m	maximaler Querweg

Zeichen	Einheit	Bedeutung
s	1/s	Laplacevariable
t	s	Zeit
t_p	s	Prädiktionshorizont
u	m	1. Koordinate eines Fahrbahnkoordinatensystems
v	m/s	Geschwindigkeit
v	m	2. Koordinate eines Fahrbahnkoordinatensystems
v_0	m/s	Referenzgeschwindigkeit
v_{nenn}	m/s	Nenngeschwindigkeit
w	-	Welligkeit
X	-	Filtereingangsdaten
x	m	1. Achse eines kartesischen Koordinatensystems
Y	-	Savitzky-Golay-Filter
y	m	2. Achse eines kartesischen Koordinatensystems
z	m	3. Achse eines kartesischen Koordinatensystems
α	°	Schräglaufwinkel
μ	-	Mittelwert
Φ_d	m^3	spektrale Leistungsdichte
φ	°	1. Winkel in einem kartesischen Koordinatensystem
φ	°	Phasenwinkel
$\dot{\varphi}$	°/s	Winkelgeschwindigkeit im Koordinatensystem
$\dot{\varphi}_{sens}$	°/s	Wahrnehmungsschwelle für Drehraten
$\ddot{\varphi}_{sens}$	°/s^2	Wahrnehmungsschwelle für Drehbeschleunigungen
ψ	°	3. Winkel in einem kartesischen Koordinatensystem
ρ	°	Querneigungswinkel der Straße
σ	-	Standardabweichung
θ	°	2. Winkel in einem kartesischen Koordinatensystem
Ω	1/m	wegabhängige Kreisfrequenz
Ω_0	1/m	wegabhängige Bezugskreisfrequenz
ω	1/s	Kreisfrequenz
ω_0	1/s	Eckfrequenz

Abkürzungen

Abkürzung	Bedeutung
2D	Zweidimensional
3D	Dreidimensional
CAVE	Cave Automatic Virtual Environment
CRG	Curved Regular Grid
FE	Finite Elemente
FKFS	Forschungsinstitut für Kraftfahrwesen und Fahrzeugmotoren Stuttgart
ISO	Internationale Organisation für Normung
IVK	Institut für Verbrennungsmotoren und Kraftfahrwesen
LED	Leuchtdiode (engl. light-emitting diode)
NURBS	Non-uniform rational B-Spline
PVA	Position Velocity Acceleration
SUV	Sports Utility Vehicle

Zusammenfassung

Der Einsatz virtueller Methoden ist heute ein wesentlicher Bestandteil der Fahrzeugentwicklung. Ermöglicht durch Fortschritte in der Computertechnik und getrieben durch kürzer werdende Produktzyklen sowie steigende Variantenvielfalt ergeben sich Möglichkeiten zu Zeit- und Kosteneinsparungen. Für Antworten auf viele Fragestellungen genügt dabei eine Simulation am Rechner, die jedoch dann an ihre Grenzen stößt, wenn das Subjektivurteil von Probanden im Fahrzeug maßgeblich ist. Durch Fahrsimulatoren kann das Nutzungsspektrum der virtuellen Entwicklung erweitert werden. Während der Einsatz simulativer Methoden auch in der Fahrwerkentwicklung weit verbreitet ist, finden Fahrsimulatoren auf diesem Gebiet bisher kaum Anwendung.

In dieser Arbeit wird daher die Optimierung eines bestehenden Fahrsimulators für die Nutzung in der subjektiven Querdynamikbeurteilung vorgestellt. Als methodische Grundlage wird der aus der Fahrverhaltensbewertung bekannnte Fahrer-Fahrzeug-Umwelt-Regelkreis in eine virtuelle Umgebung übertragen und um das Entwicklungswerkzeug Fahrsimulator erweitert.

Um für den Fahrer im Fahrsimulator die gleichen Bewertungsmöglichkeiten wie in der Realität zu schaffen, müsste ein Fahrsimulator ein dynamisch neutrales Verhalten aufweisen. Der Fahrsimulator müsste dazu alle simulierten Fahrzeugzustände ohne Verzögerung oder Verzerrung darstellen. Dies ist aus technischer Sicht nicht möglich. In einer Analyse der Systemdynamik werden für den verwendeten Fahrsimulator die technischen Limitierungen herausgearbeitet. Anschließend werden Optimierungsmöglichkeiten vorgestellt, um die wahrnehmbaren Anteile der Systemdynamik in Richtung eines neutralen Verhaltens zu verbessern. Dies umfasst die Implementierung von Prädiktionsmethoden für verschiedene Simulatorsubsysteme. Weiterhin werden Experimente zur Validierung der Effektivität der Prädiktionsmethoden vorgestellt.

Bei Fahrsimulatoren mit Bewegungsplattform müssen die Fahrzeugbewegungen innerhalb des beschränkten Arbeitsraumes der Bewegungsplattform abgebildet werden. Sogenannte Motion-Cueing-Algorithmen werden zur Berechnung der Steuersignale für die Bewegungsplattform verwendet. Je nach

Simulatoranwendung und zur Verfügung stehender Bewegungsplattform haben sich dabei unterschiedliche Algorithmen als zielführend erwiesen. Um die Bewegungsanforderungen aus einer Simulatoranwendung mit dem zur Verfügung stehenden Arbeitsraum zu vergleichen, wird in dieser Arbeit das neuartige Konzept des dynamischen Arbeitsraumes anhand des verwendeten Simulators erarbeitet.

Mit dem Wissen aus dem dynamischen Arbeitsraum werden speziell für den Anwendungsfall Querdynamikbewertung zwei neue Motion-Cueing-Algorithmen für unterschiedliche Strecken entwickelt.

Zunächst wird ein fahrspurbasierter Ansatz gezielt für die Querdynamikbewertung mit dem verwendeten Simulator optimiert. Mit diesem Algorithmus können bis auf die Fahrzeuglängsbewegung alle Bewegungsfreiheitsgrade phasenfrei dargestellt werden. Die auftretenden Skalierungsfehler der Bewegungen sind frequenzunabhängig konstant.

Beim neuen streckenbasierten Vorpositionierungs-Cueing werden die Steuersignale für Gieren und Huben als Differenz der jeweiligen Fahrzeugsignale und einer a priori definierten Vorpositionierung berechnet. Die Vorpositionierungsfunktion enthält dabei die aufgrund des Streckenverlaufs bekannten niederfrequenten Bewegungsanteile der Gier- und Hub-Bewegung. Damit erfolgt im Gegensatz zu bekannten Motion-Cueing-Algorithmen die Filterung nicht online während der Simulation, sondern offline im Voraus. Die Filterung kann mit dem neuen Ansatz zielgerichtet für die jeweilige Strecke erfolgen und es können sogenannte False Cues fast vollständig vermieden werden. Dadurch können auch bei diesem Algorithmus die wahrnehmbaren Anteile der für die Fahrdynamikbewertung wichtigen Gier- und Hubbewegungen phasenfrei dargestellt werden.

Die Eignung des optimierten Fahrsimulators für die subjektive Querdynamikbeurteilung wird anschließend in einer Probandenstudie nachgewiesen. Dazu wird die Schräglaufsteifigkeit der Reifen des virtuellen Fahrzeugmodells variiert und im virtuellen Fahrversuch von Testfahrern bewertet. Die Änderung der Schräglaufsteifigkeit beeinflusst das Lenkradmoment, visuell wahrnehmbare Fahrzeugeigenschaften wie die Gierrate und spürbare Eigenschaften wie die Querbeschleunigung. Damit ist eine korrekte Beurteilung der Änderung der Schräglaufsteifigkeit nur bei einer konsistenten Darstellung der Eigenschaften durch den Simulator möglich, wenn also durch den Simulator der Fahrer-Fahrzeug-Umwelt-Regelkreis nicht negativ beeinflusst wird. Es zeigt sich, dass die meisten Testfahrer im Simulatorversuch die si-mulierten Fahrzeugeigenschaften sehr gut bewerten können. Damit ist der Si-mulator grundsätzlich als Werkzeug für den Fahrzeugentwicklungsprozess geeignet.

Ein abschließendes Praxisbeispiel zeigt die Anwendung des optimierten Si-mulators. In der Achsentwicklung eines Kompaktfahrzeuges können mit dem Fahrsimulator verschiedene Achskonzepte subjektiv im virtuellen Fahrver-such getestet werden. In der Anwendung wird deutlich, dass der Fahrsimula-tor für viele konzeptionelle Untersuchungen ein geeignetes Werkzeug ist. Es zeigt sich aber auch, dass gerade durch den limitierten Bewegungsraum des Hexapods einige Fragestellungen nur unzureichend bearbeitet werden kön-nen und auf den realen Fahrversuch weiterhin nicht verzichtet werden kann.

Durch die vorgestellten Methoden zur Verbesserung der Dynamik des erwei-terten Fahrer-Fahrzeug-Umwelt-Regelkreises wird ein wertvoller Beitrag ge-leistet, um Fahrsimulatoren in der subjektiven Querdynamikbeurteilung ver-wenden zu können. Dazu zählen insbesondere die neu entwickelten Motion-Cueing-Algorithmen, die für den Fahrer eine deutlich verbesserte Wahrneh-mung der Fahrzeugbewegung ermöglichen.

Abstract

The use of virtual methods has become an essential part in the road car development process. Enabled by progress in computational technology and dri-
ven by shortened product development cycles, as well as increasing variant
diversity, virtual methods enable the possibility to save time and cost. While
desktop simulation proves useful for many topics, it is limited to questions
where the subjective evaluation by drivers is not a determining factor. In this
situation driving simulators can extend the use cases of virtual development
techniques. Though virtual methods are widely used in chassis development,
the use of driving simulators is not very prominent in this field.

This work addresses the optimization of an existing driving simulator for the
use in subjective evaluation of vehicle dynamics. The well-established concept of the driver-vehicle-environment closed loop is transferred into a virtual environment. Additionally, the driving simulator is integrated in the closed
loop.

From a control theory point of view, a driving simulator would need to have
a neutral transfer function behavior in order to allow the driver to experience
the exact same evaluation of vehicle properties as in the real car. This means
the simulator would not be allowed to distort or delay any of the simulated
vehicle states. Due to technical limitations this cannot be achieved. An analysis of the system dynamics of the simulator used shows these technical limitations. Subsequently, improvements are discussed, including the implementation of prediction technologies. Additionally, some experiments are presented showing the effectiveness of the prediction technologies.

In a next step, the requirements for the virtual environment with regard to the
use in subjective evaluation of vehicle dynamics in a driving simulator are
discussed. This includes the design of the 3D model of the environment in
general, as well as the road surface in particular. Furthermore, the differences
in the vehicle model between a desktop simulation and in a driving simulator
are presented.

When using a driving simulator with motion platform, the vehicle motion
must be rendered in the limited motion space of the motion platform. So cal-
led motion cueing algorithms are then used to calculate the platform motion.

Depending on the use case and the specific motion platform, different algorithms were established. To enable comparison of the demands of a use case with the limitations of a motion platform, the concept of the dynamic motion space is developed in this work and applied to the simulator used.

Knowing the dynamic motion space for the use case and the simulator at hand, two new motion cueing algorithms are developed for the evaluation of vehicle dynamics with a mid-size hexapod.

The first algorithm is an adaption and optimization of a lane-based algorithm for the use case at hand and the available motion space of the hexapod. With this algorithm, all vehicle motions except for longitudinal motion can be rendered without phase errors in the simulator. The scaling errors are non-frequency dependent and constant for all maneuvers.

The second algorithm is a newly developed algorithm dedicated to predefined tracks without intersection such as race tracks or tracks on proving grounds. With the track-based prepositioning algorithm, the heave and yaw motion of the motion platform are calculated during the simulation by subtracting a track dependent prepositioning function from the actual vehicle motion. The prepositioning function is calculated in advance before the simulator drive and contains the low frequency content of the track height and heading. Contrary to known algorithms, the filtering in this approach is not done online, during the simulator drive, but offline in advance. The offline filtering for the first time allows optimization per track as well as avoidance of false cues. Similar to the lane-based algorithm, all motions that are perceivable by the driver are free of phase errors and have constant scaling factors.

The suitability of the improved driving simulator for the use in vehicle dynamics evaluation is demonstrated in a study with professional test drivers. In the study, the tire cornering stiffness of the virtual vehicle model is systematically varied and the resulting changes in vehicle dynamics are evaluated by test drivers. Changing the tire cornering stiffness affects the vehicle dynamics in multiple ways. This includes the haptic steering feedback, visible changes such as the yaw rate, and also vestibular sensible changes like lateral acceleration. Therefore, the driver can only evaluate the differences in vehicle dynamics with consistent feedback of the simulator, meaning the simulator does not have a negative influence on the driver-vehicle-environment closed loop.

For every driver in the study, the minimum noticeable difference in cornering stiffness in the driving simulator is identified using a staircase method. The results show that most of the participating drivers can precisely evaluate the simulated vehicle dynamics properties in the study. This indicates the usefulness of the improved driving simulator for vehicle dynamics development.

Finally, the practical use of the driving simulator in the vehicle development process is presented. In the axle development of a compact class car, drivers can test different axle concepts in a virtual test drive in the simulator. In this practical example it can be seen that the optimized driving simulator is a valuable tool for many investigations in the vehicle dynamics development. But the experience also shows that especially due to the limited motion space of the hexapod some questions cannot be answered using the driving simulator. Test drives in real prototype cars will furthermore be necessary especially for fine tuning.

With the presented methods to improve the dynamic properties of the extended driver-vehicle-environment closed loop this work makes a valuable contribution towards the use of driving simulators in subjective vehicle dynamics evaluation. This particularly concerns the newly developed motion-cueing-algorithms that allow the driver a significantly improved perception of the vehicle motions.

1 Einleitung

Virtuelle Methoden und Werkzeuge sind heute wesentlicher Bestandteil des Fahrzeugentwicklungsprozesses in der Automobilindustrie. Zum einen ermöglicht die fortschreitende Technologieentwicklung im Bereich der Computertechnik den Einsatz der Simulation in immer mehr Anwendungsgebieten. Zum anderen wird die virtuelle Entwicklung forciert durch immer kürzer werdende Produktzyklen, erhöhte Variantenvielfalt und den damit einhergehenden Zwang zur Zeit- und Kosteneinsparung.

Während bei vielen Fragestellungen eine objektive, virtuelle Entwicklung am Rechner ausreicht, stößt diese Herangehensweise an ihre Grenzen, wenn das Subjektivurteil von Probanden oder Versuchsfahrern maßgeblich ist. Für diese Fragestellungen werden seit einiger Zeit vermehrt Fahrsimulatoren eingesetzt. In einem Fahrsimulator kann in einer definierten und sicheren Umgebung das komplexe Wechselspiel zwischen Fahrer, virtuellem Fahrzeug und virtueller Umwelt reproduzierbar untersucht werden.

1.1 Motivation

Auch in der Fahrwerkentwicklung werden zunehmend virtuelle Methoden eingesetzt. Während Finite-Elemente-Methoden den Konstrukteur bei der Auslegung von Bauteilen unterstützen, kann durch Berechnungen mit Einspurmodellen, Zweispurmodellen oder Mehrkörpermodellen das grundlegende querdynamische Verhalten eines Fahrzeugs ermittelt werden. Dazu werden standardisierte Manöver wie ein Lenkwinkel-Sweep oder eine Lenkwinkelrampe simuliert, um daraus Übertragungsfunktionen oder objektive Kennwerte wie z. B. die Giereigenfrequenz für ein Fahrzeug zu ermitteln.

Trotz enormer Fortschritte in den Simulationsmethoden hat die Desktopsimulation zwei grundlegende Nachteile gegenüber der Beurteilung im Fahrversuch: Zum einen kann die gesamte (nichtlineare) Dynamik eines Fahrzeugs durch wenige objektive Kenngrößen aus der Simulation nur unzureichend beschrieben werden [42]. Das Subjektivurteil von Testfahrern zu den

© Springer Fachmedien Wiesbaden GmbH, ein Teil von Springer Nature 2018
W. Brems, *Querdynamische Eigenschaftsbewertung in einem Fahrsimulator*, Wissenschaftliche Reihe Fahrzeugtechnik Universität Stuttgart, https://doi.org/10.1007/978-3-658-22787-6_1

dynamischen Eigenschaften eines Fahrzeugs bleibt weiterhin das oberste Gütekriterium in der Fahrwerkentwicklung. Zum anderen werden die meisten Manöver in der Simulation in Open-Loop Verfahren durchgeführt, d. h. der Lenkwinkelverlauf wird durch eine reine Vorsteuerung bestimmt. Gerade in dynamischen Manövern oder am Grenzbereich wird jedoch das Fahrverhalten maßgeblich durch den Fahrer als Regler des geschlossenen Regelkreises beeinflusst. Der Einfluss des Fahrers als Regler im Fahrer-Fahrzeug-Umwelt-Regelkreis kann auch durch Fahrermodelle nicht vollständig abgebildet werden.

Ein Fahrsimulator bietet die Möglichkeit, diese beiden Nachteile zumindest teilweise ausgleichen zu können, ohne auf die Vorteile der Simulation verzichten zu müssen. Über das Lenkrad und die Pedale des Fahrsimulators kann der Fahrer in Echtzeit auf das Modellverhalten Einfluss nehmen und seine Reglerfunktion ausüben. Daneben kann er über die Rückmeldung durch den Simulator auch die fahrdynamischen Eigenschaften des virtuellen Fahrzeugs subjektiv bewerten.

Dennoch werden Fahrsimulatoren nach einer Untersuchung von Negele [59] im Bereich der Fahrzeugtechnik hauptsächlich für Fragestellungen aus den Bereichen Mensch-Maschine-Schnittstelle und Fahrerassistenzsysteme verwendet. Von den von ihm ausgewerteten Veröffentlichungen befasste sich nur ein sehr geringer Anteil mit Fahrdynamik und Fahrverhalten.

Das Ziel dieser Arbeit ist daher die Optimierung eines Fahrsimulators für die Nutzung in der subjektiven Querdynamikbeurteilung. Dazu wird ein allgemeingültiges Konzept des erweiterten Fahrer-Fahrzeug-Umwelt-Regelkreises entwickelt und an einem bestehenden Simulator angewendet. Ein wesentlicher Bestandteil der Arbeit ist die Verbesserung der Bewegungssteuerung der Simulatorplattform durch die Entwicklung und Implementierung geeigneter Motion-Cueing-Algorithmen zur Querdynamikbewertung.

1.2   Aufbau der Arbeit

Nach der Einleitung gibt das zweite Kapitel eine Einführung in die Grundlagen, die im weiteren Verlauf der Arbeit verwendet werden. Diese umfassen die Themen „subjektive Querdynamikbeurteilung", „Fahrsimulatoren" im Allgemeinen, den im Rahmen dieser Arbeit verwendeten Fahrsimulator und eine Einführung in das Thema „Motion Cueing".

Im dritten Kapitel wird das neuartige Konzept des erweiterten Fahrer-Fahrzeug-Umwelt-Regelkreises vorgestellt. Der bekannte Fahrer-Fahrzeug-Umwelt-Regelkreis wird um den Fahrsimulator erweitert und in eine virtuelle Umgebung übertragen. Da die dynamischen Eigenschaften des erweiterten Regelkreises durch den Simulator beeinflusst werden, folgt die Beschreibung und Optimierung der dynamischen Eigenschaften des verwendeten Fahrsimulators. Danach werden Gestaltungshinweise zur Modellierung der virtuellen Umwelt vorgestellt. Abschließend werden die Unterschiede im Fahrzeugmodell zwischen Desktopsimulation und einer Nutzung im Fahrsimulator erläutert.

Einen inhaltlichen Schwerpunkt der Arbeit bildet die Entwicklung von zwei Motion-Cueing-Algorithmen für die Querdynamikbewertung in Kapitel 4. Mit dem Konzept des dynamischen Arbeitsraums werden dazu erstmals die Anforderungen aus der Querdynamikbeurteilung zu den Randbedingungen des verwendeten Hexapods in Bezug gesetzt. Darauf aufbauend wird ein fahrspurbasierter Motion Cueing Ansatz für den verwendeten Fahrsimulator weiterentwickelt. Außerdem wird ein neuer Motion-Cueing-Algorithmus für die Querdynamikbewertung auf Rundstrecken vorgestellt.

Im fünften Kapitel wird die Anwendung des optimierten Fahrsimulators für die Querdynamikbewertung aufgezeigt. In einer Expertenstudie wird nachgewiesen, dass professionelle Testfahrer in dem optimierten Fahrsimulator Fahrzeugeigenschaften detailliert auflösen können. Weiterhin wird ein Anwendungsbeispiel aus der Achsentwicklung vorgestellt.

Die Zusammenfassung und ein Ausblick auf weitere Aktivitäten finden sich im abschließenden sechsten Kapitel.

2 Stand der Technik und Grundlagen

Im Rahmen dieser Arbeit wird die konzeptionelle Optimierung von Fahrsimulatoren für die Nutzung in der Querdynamikbeurteilung erarbeitet. Dazu
werden zunächst die grundlegenden Zusammenhänge bei der Querdynamikbeurteilung erläutert. Anschließend folgt ein Überblick über die Technik der
Fahrsimulation, bevor der im Rahmen dieser Arbeit verwendete Fahrsimulator vorgestellt wird. Da die Optimierung der Bewegungssteuerung ein wich-
tiger Bestandteil des vorgestellten Konzepts ist, werden abschließend bekannte Motion-Cueing-Algorithmen diskutiert.

2.1 Subjektive Querdynamikbeurteilung

Die querdynamischen Eigenschaften eines Fahrzeuges können in definierten
Fahrmanövern und daraus abgeleiteten gemessenen, objektiven Größen ermittelt werden. Diese Messergebnisse oder Simulationsergebnisse bilden jedoch immer nur einen Teilbereich der dynamischen Eigenschaften eines
Fahrzeugs ab. Demgegenüber wird durch die subjektive Fahrdynamikbeurtei-
lung eine umfassende, aber dennoch zielgerichtete und detaillierte Bewertung der dynamischen Eigenschaften des komplexen Systems Fahrzeug ermöglicht [42]. Der Erfolg einer Testfahrt zur Querdynamikbeurteilung wird
dabei im Zusammenspiel der drei Komponenten Fahrer, Fahrzeug und Umwelt bestimmt.

Der geschlossene Regelkreis aus Fahrer, Fahrzeug und Umwelt ist in Abbildung 2.1 dargestellt. In einem regelungstechnischen Verständnis kann der
Fahrer als Regler mit der Ausgangsgröße Lenkwinkel[1] interpretiert werden,
der auf die Regelstrecke Fahrzeug wirkt [84]. Daneben wirkt der Reifen-
Fahrbahnkontakt als Randbedingung und Störgröße auf das Fahrzeug ein.
Auf weitere Störgrößen aus der Umwelt wie z. B. Seitenwind wurde der Einfachheit halber verzichtet. Als Eingangsgröße für den Fahrer dienen die

---

[1] Für die querdynamische Beurteilung haben Fahr- und Bremspedal eine untergeordnete Bedeutung.
Sie sind deshalb hier ausgenommen.

© Springer Fachmedien Wiesbaden GmbH, ein Teil von Springer Nature 2018
W. Brems, *Querdynamische Eigenschaftsbewertung in einem
Fahrsimulator*, Wissenschaftliche Reihe Fahrzeugtechnik
Universität Stuttgart, https://doi.org/10.1007/978-3-658-22787-6_2

Fahrzeugreaktionen, sowie die aus der Umwelt vorgegebene Solltrajektorie in Form des Fahrbahnverlaufs. Nachfolgend werden die für die Querdynamikbeurteilung wesentlichen Merkmale der Komponenten Fahrer, Fahrzeug und Umwelt aufgelistet.

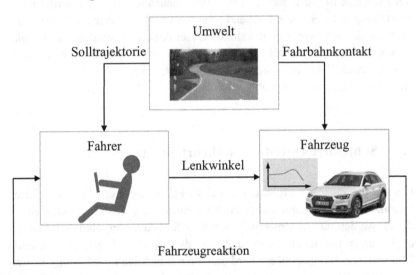

Abbildung 2.1:   Geschlossener Regelkreis aus Fahrer, Fahrzeug und Umwelt (in Anlehnung an [84])

Abhängig vom Entwicklungsstand des Fahrzeugs kann das Testfahrzeug ein Serienfahrzeug oder auch ein Prototyp mit Versuchsteilen sein. Das Fahrzeug muss vor der Testfahrt auf seinen ordnungsgemäßen und für den Fahrer sicheren Zustand überprüft werden. Für reproduzierbare Bewertungsergebnisse müssen alle Fahrzeugeinstellungen (wie z. B. Spur- oder Sturzeinstellungen an einer Achse oder der Fülldruck der Reifen) korrekt vorgenommen werden. Weiterhin ist darauf zu achten, dass alle Fahrzeugkomponenten in einem bewertbaren Zustand sind und z. B. bei Reifen der Profilverschleiß nicht zu groß ist. Die Umsetzung dieser Anforderung ist jedoch für Reifen nur sehr schwer zu realisieren. Verschleiß und Temperaturänderungen führen auch bei gleichmäßiger, aber intensiver Beanspruchung zu schnellen Änderungen der Reifeneigenschaften, teilweise innerhalb weniger gefahrener Kilometer auf einer Handlingstrecke [69]. Um nachträglich die Bewertungsergebnisse zu verschiedenen Fahrzeugen vergleichen zu können, müssen die relevanten technischen Daten der Fahrzeuge dokumentiert werden.

Die wesentliche Randbedingung aus der Umwelt ist die Fahrbahn. Für eine umfassende Fahrdynamikbewertung wird ein möglichst großes Spektrum an Fahrbahnverläufen und Fahrbahnoberflächen benötigt. Speziell angelegte Prüfgelände oder abgesperrte Rennstrecken bilden dabei eine gute Grundlage, die durch ausgewählte Strecken im öffentlichen Raum erweitert wird. Aus fahrdynamischer Sicht eignen sich dazu vor allem mehrspurige Autobahnen mit geringem Verkehrsaufkommen und ohne Tempolimit, sowie übersichtliche und kurvenreiche Landstraßen [42]. Neben der Fahrbahnbeschaffenheit sind die Witterungsbedingungen ein wesentlicher Einflussfaktor aus der Umwelt. Temperatur und Niederschlag wirken sich gravierend auf den Reifen-Fahrbahn-Kontakt aus, haben aber auch Einfluss auf Bauteileigenschaften (z. B. temperaturabhängige Ölviskosität im Dämpfer oder temperaturabhängige Gummilagereigenschaften) und damit auf fahrdynamische Eigenschaften. Eine weitere wichtige Störgröße aus der Umwelt ist Seitenwind, durch den z. B instabiles Fahrzeugverhalten ausgelöst werden kann.

Als dritte Komponente im System Fahrer-Fahrzeug-Umwelt müssen noch die Eigenschaften des Fahrers berücksichtigt werden. Bei der Fahrzeugführung im Allgemeinen führt ein Fahrer die folgenden drei Aufgaben im Wechsel, aber auch parallel aus [44]:

- **Navigation**: Zielvorgabe, Festlegung einer Route

- **Bahnführung**: Antizipatorische Festlegung von Sollgeschwindigkeit und Sollkurs abhängig von der jeweiligen Verkehrssituation

- **Stabilisierung**: Kompensatorische Regelung der Solltrajektorie

Die drei Aufgaben sind ausgehend von der Navigation charakterisiert durch einen sukzessive kürzer werdenden Zeithorizont. Dabei erbringt der Fahrer bei allen Aufgaben kognitive Leistungen, aber lediglich bei der Stabilisierung entsteht durch die Bedienung von Lenkrad, Pedalen und Schalthebel physischer Aufwand.

Die subjektive Bewertung der fahrdynamischen Eigenschaften durch einen Testfahrer erfolgt hauptsächlich während der Stabilisierungsaufgabe [42]. Dabei bewertet der Fahrer aufgrund seiner Sinneseindrücke, ob sich ein Fahrzeug durch die entsprechenden Regeleingriffe an Lenkrad und Pedalen auf der gewünschten Solltrajektorie bewegen lässt. Neben der Effektivität, also der Wirksamkeit der Regeleingriffe im geschlossenen Regelkreis zwischen Fahrer und Fahrzeug, bewertet der Fahrer auch deren Qualität. So soll z. B. ein Fahrzeug vorhersehbar auf die Regeltätigkeit reagieren oder sich gegenüber kleinen Störungen aus der Umwelt (z. B. Seitenwind oder Spurrinnen) unempfindlich verhalten [82]. Um die Fahrzeugreaktion während der Fahrt aufmerksam bewerten zu können, darf die eigentliche Regeltätigkeit dem Fahrer nicht zu viel Aufmerksamkeit abverlangen.

Die zur Bewerkstelligung der Fahraufgabe benötigten Reiz-Reaktions-Mechanismen werden allgemein unterschieden in wissensbasiertes, regelbasiertes und fertigkeitsbasiertes Verhalten [1]. Bei wissensbasierten Handlungen werden in unbekannten Szenarien nach einer Situationsanalyse Handlungsstrategien abgeleitet und umgesetzt. Ein Beispiel dafür ist die Orientierung und Routenplanung an einer großen Kreuzung. Wissensbasierte Reaktionen erfordern eine aktive Wahrnehmung und intellektuelle Interpretation eines Szenarios und können sich über mehrere Sekunden erstrecken. Regelbasierte Reaktionen dagegen bezeichnen das Verhalten nach erlernten und abgespeicherten Regeln. Diese laufen wesentlich schneller ab, wenn sie durch situationsabhängige Reize aus der Umwelt getriggert werden. Die Geschwindigkeitsanpassung bei der Einfahrt in ein Nebelfeld kann als Beispiel für regelbasiertes Verhalten gesehen werden. Regelbasiertes Verhalten beinhaltet jedoch immer noch eine Entscheidung, sodass sich der Fahrer auch aktiv über die gelernte Regel hinwegsetzen kann. Fertigkeitsbasiertes Verhalten schließlich bezeichnet automatisierte, sensomotorische Verhaltensmuster, die ohne bewusste Interpretation ablaufen. Diese Reaktionen können innerhalb von Sekundenbruchteilen erfolgen und benötigen nahezu keine Aufmerksamkeit. Bei erfahrenen (Test-)Fahrern erfolgt der Großteil der Stabilisierungsaufgabe als fertigkeitsbasierte Reaktion. Nur so kann der Fahrer auch in möglicherweise kritischen Situationen das Fahrzeug beherrschen und trotzdem die Fahrzeugreaktion aufmerksam bewerten.

Bei einer Testfahrt zur Bewertung eines Fahrzeugs bildet der Testfahrer – allein basierend auf seinen Sinneseindrücken in Verbindung mit seiner Erfahrung – sein Urteil zu den dynamischen Eigenschaften eines Fahrzeugs. Neben einem unvermeidbaren Gesamteindruck werden bei einer Testfahrt meistens einzelne fahrdynamische Eigenschaften aus einem zuvor definierten Eigenschaftskatalog bewertet, der z. B. von Heißing [42] ausführlich beschrieben wird. Um die von verschiedenen Testfahrern wahrgenommenen Eigenschaften vergleichen zu können, werden die Eigenschaften mit einer Kardinalskala bewertet. Dabei hat sich in der Automobilindustrie eine 10er-Skala als Bewertungssystem durchgesetzt [42].

Wie Neukum [61] feststellt, ist die subjektive Fahrverhaltensbeurteilung bis heute nicht standardisiert worden. Aufgrund der Streuung und Variabilität in den Umwelteinflüssen und Fahrzeugeinflüssen ist eine standardisierte Bewertung von fahrdynamischen Eigenschaften nach konstant reproduzierbaren Verfahren und Vorgehensweisen bisher nicht möglich. Heißing [42] nennt als wichtige Qualifikation für einen Testfahrer daher gute Kenntnisse zu fahrdynamischen Zusammenhängen und Fahrwerktechnik. Nur so kann der Fahrer trotz Streuung in den Umwelteinflüssen (z. B. Witterung, Straßenverhältnisse) bei verschiedenen Testfahrten verschiedene Fahrzeuge bewerten und vergleichen. Daneben müssen aber auch die Unterschiede in den Erfahrungen, Fähigkeiten und Bewertungsmethoden der Fahrer berücksichtigt werden. So hat z. B. der persönliche Fahrstil (hartes oder weiches Einlenken, Linienwahl in der Kurve, etc.) Einfluss auf das Fahrerlebnis und damit auf das Beurteilungsergebnis [69].

2.2   Fahrsimulatoren

Durch den Einsatz von Simulation und virtuellen Methoden werden heute viele Entscheidungen im Fahrzeugentstehungsprozess ohne reale prototypische Versuchsfahrzeuge getroffen. Dabei entziehen sich objektive Simulationsergebnisse oft der Subjektivbeurteilung durch den Menschen mit allen seinen Sinnen. Fahrsimulatoren dienen in dieser Situation als Werkzeug und Informationsübermittler zwischen Mensch und Simulation.

Für einige Anwendungen genügen bereits sehr einfache Simulatoren mit Lenkrad, Pedalerie und Sichtsimulation über Bildschirme wie in Abbildung 2.2 links dargestellt. Am anderen Ende des Spektrums finden sich Anlagen, bei denen ein vollständiges Fahrzeug in einer Kuppel mit 360°-Sichtsimulation steht, wobei die Kuppel auf einer Bewegungsplattform mit mehreren Metern translatorischem Arbeitsraum montiert ist, Abbildung 2.2 rechts.

Abbildung 2.2: Einfacher Fahrsimulator mit Bildschirmen (links, [72]) und Stuttgarter Fahrsimulator am IVK/FKFS (rechts, [29])

Nach Kemeny und Panerai [53] bilden Fahrsimulatoren eine multisensorisch erfassbare Umwelt, in der ein Fahrer die Bewegung eines virtuellen Fahrzeugs erleben und beeinflussen kann. Je nach Anwendungsfall besteht der Simulator aus folgenden Subsystemen (in Anlehnung an Negele [59]):

- Sichtsimulation

- Bewegungssimulation

- Geräuschsimulation

- Fahrstand und Mensch-Maschine-Schnittstelle

- Fahrzeug- und Umweltsimulation

Durch die Kombination und Qualität der einzelnen Subsysteme wird der Immersionsgrad eines Simulators bestimmt. Dabei bezeichnet Immersion nach Slater et al. [71] die messbare Qualität der Simulation und der virtuellen Welt im Vergleich zur Realität. Eine höhere Bildschirmauflösung bedeutet z. B. eine gesteigerte Immersion. In Kombination mit der subjektiven menschlichen Wahrnehmung entsteht daraus Präsenz. Bei vollständiger Präsenz verhalten sich Probanden in der virtuellen Welt so wie in der realen Welt. Für viele Fragestellungen soll eine möglichst vollständige Präsenz erzeugt werden, um in Simulatorversuchen mit der Realität vergleichbare Ergebnisse zu erhalten (z. B. hinsichtlich des Verhaltens in Gefahrensituationen). Grundsätzlich ist zwischen Immersion und Präsenz eine Korrelation gegeben, jedoch gibt es Ausnahmen. So kann z. B. eine Übezeichnung von Geräuschen (und damit reduzierte Immersion) einen positiven Effekt auf die Geschwindigkeitswahrnehmung haben und zu einer höheren Präsenz führen. Präsenz kann außerdem nicht objektiv gemessen werden und nur unvollständig (z. B. durch Fragebögen) erfasst werden [71]. Das Gestaltungsziel für einen Simulator ist daher zunächst ein möglichst hohes Maß an objektiver Immersion. Abweichungen zugunsten einer gesteigerten Präsenz sind zulässig, müssen jedoch kritisch hinterfragt werden.

Im Folgenden werden kurz die einzelnen Subsysteme von Fahrsimulatoren beschrieben.

Die Sichtsimulation ist in den meisten Fahrsimulatoren von existenzieller Bedeutung [59]. Über die Augen nimmt der Mensch seine Position und Orientierung in der virtuellen Welt wahr. Daneben ist der Gesichtssinn der einzige Sinneskanal, über den der Mensch direkt Geschwindigkeiten wahrnehmen kann. Während die eigene Positionswahrnehmung und die Lokalisierung von Objekten im zentralen Gesichtsfeld stattfinden, werden Geschwindigkeiten hauptsächlich durch die Bewegung im peripheren, d. h. seitlichen Sichtfeld, wahrgenommen [74].

Über die Bewegungssimulation werden die im Fahrzeug wirkenden Kräfte und Beschleunigungen nachgebildet, die über den Hautsinn und den Vestibularapparat wahrgenommen werden. Nicht alle Fahrsimulatoren sind mit einer Bewegungsplattform ausgestattet, da die Kosten für eine Bewegungsplattform oft einen wesentlichen Teil der Gesamtkosten eines Fahrsimulators ausmachen. Gleichzeitig ist die Wichtigkeit der Bewegungssimulation für die Güte der Gesamtsimulation umstritten. In der Literatur finden sich sowohl eindeutig positive Einflüsse der Bewegungssimulation auf die Fahrerleistung (z. B. [6], [46]), als auch neutrale bzw. negative Einflüsse (z. B. [7], [18]).

Ein Grund für diese unterschiedliche Bewertung liegt in der Natur der Bewegungssimulation: Diese ist aufgrund des begrenzten Arbeitsraums der Bewegungsplattform immer nur ein unvollständiges Abbild der Bewegung des Fahrzeugs. Damit hat die Abbildungsfunktion, das sogenannte Motion Cueing (siehe Kapitel 2.4), einen wesentlichen Einfluss auf die Qualität der Simulation. Wird also in einem Simulatorversuch die Bewegungssimulation als wenig hilfreich oder sogar hinderlich für die Güte der Gesamtsimulation beschrieben, kann dies auch auf ein schlecht abgestimmtes Motion Cueing zurückzuführen sein. Negele [59] weist in diesem Zusammenhang darauf hin, dass nach der jeweiligen Simulatoranwendung differenziert werden muss:

Sobald die eigentliche Fahraufgabe im Zentrum der Simulatoranwendung steht, kommt der Bewegungssimulation eine größere Bedeutung zu, als z. B. bei Fragestellungen im Bereich der Fahrzeugergonomie.

In fast alle Simulatoren ist auch eine Geräuschsimulation implementiert. Deren Hauptnutzen liegt in einer gesteigerten Immersion und dem daraus resultierendem Präsenzempfinden durch eine realistische Geräuschkulisse [40], [45]. Es kann unterschieden werden nach Geräuschen, die direkt mit dem Fahrverhalten zusammenhängen (z. B. Motorgeräusch, Windgeräusch und Reifengeräusche), sekundären Fahrzeuggeräuschen (z. B. Blinkergeräusch, Warntöne), und Geräuschen aus der Umgebung (z. B. Geräusche anderer Verkehrsteilnehmer). Neben der Immersionssteigerung gibt es auch Untersuchungen, die einen direkten positiven Einfluss der Soundsimulation auf die Fahrerleistung, wie z. B. das Einhalten einer Sollgeschwindigkeit, aufzeigen [19], [56]. Die Motor- und Windgeräusche bilden somit eine weitere Informationsquelle zur indirekten Geschwindigkeitswahrnehmung. Während zunächst die Geräuschkulisse des Realfahrzeuges möglichst genau nachgeahmt werden soll, kann es darüber hinaus zielführend sein, durch eine überzogene Geräuschsimulation die Eigengeräusche des Simulators (z. B. mechanische Geräusche der Bewegungsplattform) zu maskieren.

Der Fahrstand und die Mensch-Maschine-Schnittstelle sind je nach Anwendung unterschiedlich immersiv ausgeführt. Als Minimalausführung kann für Untersuchungen zum Schwingungskomfort ein einfacher Sitz (ohne Lenkrad) ausreichen (Abbildung 2.3 links). In diesem Komfortsimulator kann der Proband zwar die Fahrzeugbewegung erleben. Es liegt jedoch kein geschlossener Fahrer-Fahrzeug-Umwelt-Regelkreis vor, da der Fahrer das Verhalten des Simulators nicht beeinflussen kann. Demgegenüber kann durch ein Vollfahrzeug als Mockup bereits beim Einsteigen in den Simulator eine realitätsnahe Situation geschaffen werden (Abbildung 2.3 rechts). Während der Simulatorfahrt kann der Proband über Lenkrad, Pedale und sekundäre Bedienelemente (Blinker, Scheinwerferschalter) mit der Simulation interagieren.

Für einige Anwendungen kann der Fahrstand oder die Mensch-Maschine-Schnittstelle Gegenstand der Untersuchung sein, z. B. in Fragestellungen der Bedienergonomie. Dafür gibt es auch Simulatoren, in denen zumindest Teile des Mockups ausgetauscht werden können.

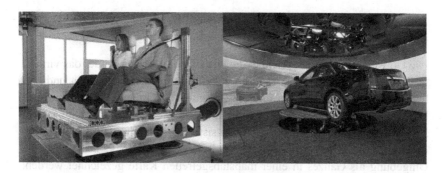

Abbildung 2.3: Simulator für Schwingungskomfort mit Sitz als Mockup (links, [17]) und Fahrsimulator mit Vollfahrzeug als Mockup (rechts, [70])

Als Hauptschnittstelle zwischen Fahrer und Fahrzeug dienen die Lenkung, sowie Fahr- und Bremspedal. Das Lenkmoment stellt für den Fahrer eine unmittelbare und detaillierte Informationsquelle über den aktuellen Fahrzustand dar [43]. Da die haptische Wahrnehmung sehr schnell und trotzdem präzise ist, kann der Mensch Informationen aus dem Lenkrad schneller verarbeiten als beispielsweise visuelle Reize. In Fahrsimulatoren werden simulierte Lenkmomente meistens wie bei einer Steer-by-Wire Lenkung über einen Elektromotor dargestellt. Da in heutigen Serienfahrzeugen elektrische Fahrpedale Stand der Technik sind, können diese meistens unverändert für Fahrsimulatoren übernommen werden. Anders verhält es sich mit dem Bremspedal. Die Bremspedalkraft im Realfahrzeug ergibt sich aus dem hydraulischen Druck im Bremssystem und ist von der Fahrsituation abhängig. Im Fahrsimulator wird diese Pedalkraft meist über mechanische Systeme (Federn, Dämpfer) oder über elektrische Aktoren nachgebildet, ohne dass das komplette Bremssystem des Fahrzeugs als Hardware benötigt wird.

Integraler Bestandteil jedes Fahrsimulators ist die Fahrzeugsimulation des eigenen Fahrzeugs. Diese kann je nach Anwendungszweck als einfaches Einspurmodell, Zweispurmodell oder Mehrkörpermodell ausgeführt sein und muss das Fahrverhalten in Abhängigkeit von Umgebungsbedingungen (z. B. Straßenoberfläche) und Fahrereingabe (z. B. Lenkwinkel) abbilden können. Über die Qualität der Fahrzeugsimulation wird die Qualität des Simulators insgesamt determiniert. So kann aus einem unrealistisch simulierten Fahrzeugverhalten auch mit einer guten Sicht- und Bewegungssimulation kein realistisches Fahrgefühl im Simulator erzeugt werden.

Die Umweltsimulation bezeichnet die virtuelle Umgebung, in der das virtuelle Fahrzeug bewegt wird. Sie wird auch als Datenbasis bezeichnet und enthält neben der globalen Terrainbeschreibung alle Umgebungselemente wie Häuser, Bäume, Verkehrsschilder, etc. Üblicherweise ist die Datenbasis ein zusammenhängender, geometrisch konsistenter Ausschnitt aus der realen oder einer fiktiven Welt. Bei dieser statischen Datenbasis kann die virtuelle Umgebung als Ganzes in einer maßstabsgetreuen Karte gezeichnet werden. Demgegenüber wird bei einer modularen Datenbasis das virtuelle Szenario aus einzelnen nur noch lokal geometrisch konsistenten Umgebungsmodulen zusammengesetzt. Dies kann entweder vor der Fahrt im Simulator oder auch dynamisch während der Simulatorfahrt erfolgen [52]. Wie bei einem Puzzle müssen die einzelnen Module an den Übergangsstellen zueinander passen. Eine dynamische Aneinanderreihung von Modulen während der Fahrt muss zusätzlich unbemerkt außerhalb des Sichtbereichs des Fahrers vorgenommen werden.

Je nach Simulatoranwendung reicht die Darstellungsqualität der Datenbasis von einfachen geometrischen Formen mit Texturen bis hin zu quasirealistischen Detailmodellen. In den meisten Fahrsimulatoren erreicht die Grafikqualität nicht das Niveau, das kommerzielle Fahrsimulationen für PC oder Spielekonsolen bieten. Als limitierende Faktoren können hier Zeit und Kosten für die Grafikentwicklung gesehen werden. Während an der Entwicklung von einzelnen Computerspielen teilweise >1000 Entwickler beteiligt sind [31], können diese Ressourcen in der Entwicklung von Fahrsimulatoren nicht bereitgestellt werden.

Neben den statischen Elementen der Datenbasis wird für einige Anwendungen eine dynamische Umweltsimulation mit beweglichen Objekten und/ oder Fremdverkehr benötigt. Hier können die anderen Verkehrsteilnehmer entweder durch eine in die Umweltsimulation einprogrammierte intelligente Logik oder durch den Versuchsleiter gesteuert werden.

2.3 Verwendeter Fahrsimulator

In seiner Dissertation [59] beschreibt Negele für verschiedene Simulatoranwendungen die konzeptionellen Randbedingungen. Die Anwendung Fahrverhaltensbeurteilung bzw. Querdynamikbeurteilung stellt demnach besonders hohe Anforderungen an die Qualität der Bewegungssimulation und Ego-Fahrzeugsimulation. Demgegenüber sind bei der Sichtsimulation, der Geräuschsimulation und auch bei der Gestaltung des Fahrstands Abstriche möglich. Hinsichtlich der Mensch-Maschine-Schnittstelle liegt der Fokus auf der Gestaltung der Lenkungsrückmeldung. Während Negele die konzeptionellen Randbedingungen definiert, wird die konkrete Ausgestaltung der dynamischen Eigenschaften des Simulators nicht diskutiert. Wie der Begriff vermuten lässt, sind die dynamischen Eigenschaften bei der Querdynamikbeurteilung von zentraler Bedeutung. In der vorliegenden Arbeit wird daher für einen bestehenden Simulator, der die von Negele identifizierten Anforderungen in weiten Teilen erfüllt, eine methodische Verbesserung der dynamischen Eigenschaften vorgestellt. Im Folgenden werden dazu zunächst die technischen Spezifikationen des verwendeten Fahrsimulators erläutert.

Alle Untersuchungen im Rahmen dieser Arbeit werden mit dem in Abbildung 2.4 dargestellten Fahrsimulator durchgeführt. Das System wurde seit 2013 in einem Kooperationsprojekt der AUDI AG mit dem Simulatorhersteller Cruden [14] entwickelt. Der Simulator wurde speziell als Expertenwerkzeug für den Anwendungszweck der subjektiven Querdynamikbeurteilung entwickelt.

Die virtuelle Welt wird von 7 LED Projektoren auf eine fest am Boden stehende, zylindrische Leinwand mit 8,4 m Durchmesser und einer Höhe von 3,6 m projiziert. Die Horizontalausdehnung der Leinwand beträgt 210°. Damit ergibt sich nach Abzug von Überlappungsflächen eine Gesamtauflösung von etwa 7200 x 1900 Pixeln, was einer Winkelauflösung von etwa 1,75 Bogenminuten entspricht. Diese Auflösung liegt etwas oberhalb des menschlichen Auflösungsvermögens, das mit ca. 1 Bogenminute beziffert ist. Die Bildwiederholrate beträgt 120 Hz.

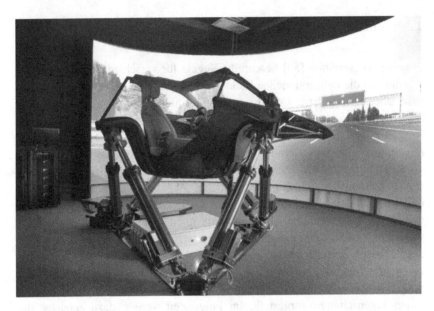

Abbildung 2.4:   Der im Rahmen dieser Arbeit verwendete Fahrsimulator

Im Zentrum des Simulators steht als Bewegungsplattform ein Hexapod, auf dem ein originalgetreues Fahrerumfeld aus einem Serienfahrzeug, sowie die für den Fahrer sichtbaren Teile der Karosserie montiert sind. Die Zylinder des verwendeten Hexapods haben einen Verfahrweg von 640 mm. Tabelle 2.1 zeigt den Arbeitsraum und die maximalen Verfahrgeschwindigkeiten und -beschleunigungen der einzelnen Freiheitsgrade. Dabei ist zu beachten, dass bei einem Hexapod durch die Bewegung eines einzelnen Freiheitsgrades die Bewegung in den übrigen fünf Freiheitsgraden eingeschränkt wird. Wird beispielsweise der höchste Punkt des Arbeitsraums angefahren und damit der vertikale Freiheitsgrad voll ausgenutzt, werden dazu alle Aktuatoren auf die maximale Länge ausgefahren. Damit ist in dieser Situation die Bewegung in allen anderen translatorischen und rotatorischen Freiheitsgraden vollständig blockiert, da – bei gleichbleibender Vertikalposition – für eine Bewegung in einem anderen Freiheitsgrad mindestens ein Aktuator noch weiter ausgefahren werden müsste. Negele empfiehlt als Bewegungsplattform für Simulatoren zur Fahrverhaltensbeurteilung als Minimalaufbau einen Hexapod, bei dem der translatorische Verfahrweg z. B. durch einen Schlitten auf mehrere

Meter Arbeitsraum erweitert ist. Damit entspricht der verwendete Simulator in dieser Hinsicht nicht den von Negele identifizierten Anforderungen.

Tabelle 2.1: Translatorischer und rotatorischer Arbeitsraum des verwendeten Hexapods

		Position	Geschwindigkeit	Beschleunigung
Translation	x	±0,63 m	±0,8 m/s	±15 m/s²
	y	±0,66 m	±0,8 m/s	±15 m/s²
	z	±0,41 m	±0,6 m/s	±15 m/s²
Rotation	φ	±29°	±35 °/s	±600 °/s²
	θ	±28°	±35 °/s	±700 °/s²
	ψ	±29°	±40 °/s	±900 °/s²

Zur Steuerung des verwendeten Hexapods werden vom Hersteller des Systems zwei Möglichkeiten zur Verfügung gestellt. Bei einer ersten Möglichkeit werden die translatorischen und rotatorischen Fahrzeugbeschleunigungen des simulierten Fahrzeugs in einem integrierten Motion-Cueing-Algorithmus verarbeitet (zum Thema Motion Cueing vgl. Kapitel 2.4). Bei Nutzung des integrierten Algorithmus werden die Beschleunigungssignale durch den Algorithmus automatisch so gefiltert und skaliert, dass die Arbeitsraumgrenzen der Plattform eingehalten werden. Bei der zweiten Möglichkeit werden über eine Schnittstelle direkt die einzelnen Bewegungsfreiheitsgrade des Hexapods angesteuert. Dazu müssen für jeden translatorischen und rotatorischen Freiheitsgrad Position, Geschwindigkeit und Beschleunigung als konsistente Sollgrößen für die Regelung der Bewegungsplattform bereitgestellt werden. Über diese Schnittstelle kann der Entwickler eigene Motion-Cueing-Algorithmen verwenden, die mit beliebigen Signalen aus der Fahrzeugsimulation gespeist sind. Der Anwender muss lediglich die Einhaltung der Arbeitsraumgrenzen sicherstellen.

Der Fahrer kann das virtuelle Fahrzeug über Lenkrad, Pedale und Gangwählhebel bedienen. Die Pedale sind als passive Federkraftelemente ausgeführt, deren Kraftrückkopplung nur vom Pedalweg und nicht von der jeweiligen

Fahrsituation abhängig ist. Am Lenkrad wird das simulierte Lenkraddrehmoment durch einen Force Feedback Lenkungsaktuator abgebildet. Dieser kann kurzzeitig bis zu 30 Nm und im Dauerbetrieb ein maximales Moment von 9,6 Nm bereitstellen. Auditives Feedback erhält der Fahrer über drei Lautsprecher (vorne links, vorne rechts und hinter dem Fahrersitz), sowie über einen Subwoofer, der unter dem Fahrersitz montiert ist. Über die Lautsprecher werden simulierte Motorgeräusche, Windgeräusche und Reifengeräusche eingespielt. Die eingespielten Geräusche sind abgeleitet aus entsprechenden Audioaufnahmen im Realfahrzeug.

Für die eigentliche Fahrzeugsimulation ist im verwendeten Fahrsimulator eine offene Schnittstelle angelegt, die die Verwendung verschiedener Fahrzeugmodelle erlaubt. Bei allen im Rahmen dieser Arbeit durchgeführten Untersuchungen werden die virtuellen Fahrzeuge in der Software VI-CarReal-Time [77] modelliert. In dieser Software besteht ein Fahrzeug aus einer Fahrzeugaufbaumasse und vier ungefederten Radmassen. Die kinematischen und elastokinematischen Eigenschaften des Fahrwerks sind über Kennlinien bzw. Kennfelder modelliert. Damit werden die Bewegungen der ungefederten Massen im Verhältnis zum Aufbau und die dabei auftretenden Kräfte beschrieben. Die Lenkung des Fahrzeugmodells ist in der vorliegenden Anwendung zusätzlich als Mehrkörpermodell ausgeführt. Die für das Fahrverhalten essentiellen Reifenkräfte werden nach der Magic Formula von Pacejka [63] berechnet. Als Fahrbahn für die Fahrdynamiksimulation werden Strecken im OpenCRG-Format (Curved Regular Grid) [78] genutzt.

Zusammengefasst entspricht der verwendete Simulator in weiten Teilen den von Negele geforderten Kriterien für einen Simulator zur Nutzung in der Fahrverhaltensbeurteilung. Die größte Abweichung ergibt sich bei der Gestaltung der Bewegungsplattform. Während Negele für fahrdynamische Untersuchungen eine Bewegungsplattform mit mehreren Metern translatorischem Arbeitsraum fordert, steht bei dem verwendeten Simulator nur ein Hexapod mit ~1,3 m translatorischem Arbeitsraum zur Verfügung. Jedoch können durch die kompakte und leichte Bauweise des verwendeten Hexapods sehr gute dynamische Eigenschaften erzielt werden, die in Kapitel 3.2.1 vorgestellt werden. Außerdem wird in Kapitel 4.1 aufgezeigt, dass durch eine größere Bauweise die Qualität der Bewegungssimulation nicht notwendigerweise verbessert wird.

2.4 Motion Cueing

Viele Fahrsimulatoren sind zur Abbildung der simulierten Fahrzeugbeschleunigungen und der auf den Fahrer wirkenden Kräfte mit einer Bewegungsplattform ausgestattet. Im Fahrsimulator genauso wie im Auto wird die Lage des eigenen Körpers und dessen Bewegung im Raum im Zusammenspiel aus visuellen, akustischen, somatosensorischen und vestibulären Stimuli wahrgenommen. Das somatosensorische System bezeichnet alle kraft- und druckempfindlichen Rezeptoren von Haut, Muskeln, Sehnen und Gelenken. Über den Vestibularapparat im Innenohr, auch bekannt als Gleichgewichtsorgan, werden rotatorische und translatorische Beschleunigungen wahrgenommen. Nach einer Definition von Baarspul [3] können alle diese Stimuli als Motion Cues, wörtlich übersetzt etwa „Bewegungsreize", bezeichnet werden. In dieser Arbeit wird hingegen wie bei Fischer [27] oder Pitz [65] eine enger gefasste Definition verwendet, nach der nur die mit einer Bewegungsplattform dargestellten vestibulären und somatosensorischen Stimuli als Motion Cues bezeichnet werden.

Als Motion-Cueing-Algorithmen werden die Verfahren bezeichnet, die zur Berechnung der Steuersignale für die Bewegungsplattform verwendet werden. Die Steuersignale werden unter Berücksichtigung der Arbeitsraumgrenzen der Bewegungsplattform aus den simulierten Fahrzeugbewegungen (vornehmlich translatorische und rotatorische Beschleunigungen) berechnet.

Dabei können mit einer Bewegungsplattform aufgrund des eingeschränkten Bewegungsraumes die Fahrzeugbewegungen in den meisten Fällen nicht vollständig wiedergeben werden. Die auftretenden Abbildungsfehler können nach Grant [35] in folgende Gruppen eingeteilt werden:

- **False Cues** sind wahrnehmbare Bewegungen in entgegengesetzter Wirkrichtung zur Bewegung des Fahrzeugs oder Bewegungen im Simulator ohne erkennbaren Bezug zu Fahrzeugbewegungen.

- **Phasenfehler** sind Bewegungen im Simulator, die gegenüber der Fahrzeugbewegung vor- oder nacheilend sind.

- **Skalierte** oder **fehlende Cues** sind Bewegungen, die im Simulator mit skalierter Amplitude dargestellt werden. Das Weglassen einer Bewegung entspricht dabei einem Skalierungsfaktor von Null.

Ein wichtiges Merkmal von Motion Cueing Fehlern ist die Wahrnehmbarkeit der Unterschiede zwischen Simulatorbewegung und Fahrzeugbewegung. Wenn die Unterschiede zwischen Simulatorbewegung und Fahrzeugbewegung so gering sind, dass sie unterhalb menschlicher Wahrnehmungsschwellen liegen, werden diese Unterschiede nicht als False Cues bezeichnet. False Cues führen bei fast allen Simulatoranwendungen zu einer spürbaren Verschlechterung der wahrgenommenen Qualität und sind daher möglichst zu vermeiden [35]. Skalierte Cues und Phasenfehler werden bei vielen Anwendungen toleriert.

Im Folgenden werden anhand des sogenannten Classical-Washout-Algorithmus die grundlegenden Begriffe und Methoden des Motion Cueing erklärt. Der Classical-Washout-Algorithmus ist der älteste und aufgrund seiner Einfachheit bis heute am meisten verwendete Algorithmus [11]. Eine detaillierte Abhandlung zur Implementierung des Classical-Washout und einigen daraus abgeleiteten Algorithmen findet sich beispielsweise bei Reid und Nahon [67]. Die grundlegende Struktur des Algorithmus ist in Abbildung 2.5 dargestellt.

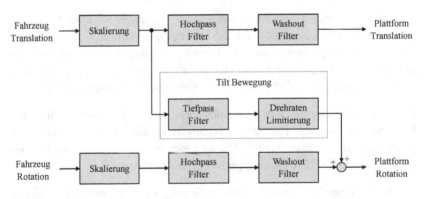

Abbildung 2.5: Schema des Classical-Washout-Algorithmus

Ein zentrales Merkmal vieler Algorithmen ist die getrennte Betrachtung einzelner Bewegungsfreiheitsgrade. Beim Classical-Washout-Algorithmus werden die translatorischen Beschleunigungen des Fahrzeugs zunächst skaliert und anschließend durch einen Hochpassfilter gefiltert. Die Skalierung und Filterung dienen wie bei anderen Algorithmen dazu, die resultierenden hochfrequenten Bewegungsanteile der Fahrzeugbewegung innerhalb der translatorischen Arbeitsraumgrenzen der Bewegungsplattform abzubilden. Ein weiteres Konzept ist die sogenannte Washout Funktion. Bei den meisten Algorithmen wird die Plattform nach jeder Auslenkung durch ein Manöver (z. B. einem Spurwechsel oder einem Abbiegevorgang) in die neutrale Mittenposition zurückgeführt, so dass der zur Verfügung stehende Bewegungsraum für nachfolgende Manöver möglichst groß ist. Diese Rückführung wird als Washout bezeichnet und wird beim Classical-Washout-Algorithmus durch einen weiteren nachgeschalteten Hochpassfilter erreicht. Da diese Rückführung meist in entgegengesetzter Richtung zur gerade auftretenden Fahrzeugbeschleunigung ist, soll sie im Sinne einer Vermeidung von False Cues für den Fahrer nicht wahrnehmbar sein. Dies kann erreicht werden, wenn die Beschleunigungs- und Geschwindigkeitsamplituden der Washout Bewegung unterhalb der jeweiligen menschlichen Wahrnehmungsschwellen bleiben.

Idealerweise sollen mit der Bewegungsplattform alle translatorischen Fahrzeugbewegungen abgebildet werden. Während die hochfrequenten Fahrzeugbewegungen durch translatorische Bewegungen der Bewegungsplattform dargestellt werden, werden die stationären Anteile der Fahrzeugbewegungen durch sogenannte Tilt-Bewegungen abgebildet.

Der Einsatz von Tilt-Bewegungen wird ermöglicht durch eine Schwäche der menschlichen Beschleunigungswahrnehmung: Ohne kongruente visuelle Information kann der Mensch nicht zwischen translatorischen Beschleunigungen in Quer- oder Längsrichtung und einer Verkippung um die Längs- oder Querachse unterscheiden. Dies liegt daran, dass im geneigten Zustand die Erdbeschleunigung anteilig als translatorische Beschleunigung wahrgenommen wird. Diese Wahrnehmungsschwäche wird ausgenutzt um durch gezieltes Kippen (Tilten) der Bewegungsplattform translatorische Fahrzeugbeschleunigungen darzustellen. Die Sollvorgabe für die Tilt-Bewegung bilden die tiefpassgefilterten translatorischen Fahrzeugbewegungen. Im Gegensatz zur Orientierung können über das Gleichgewichtsorgan Drehraten und Drehbeschleunigungen oberhalb bestimmter Schwellwerte wahrgenommen werden. Um eine Wahrnehmung des Verkippungsvorgangs zu vermeiden, werden daher bei Tilt-Bewegungen die Drehraten und Drehbeschleunigungen limitiert.

Schließlich werden in Abbildung 2.5 im unteren Pfad auch die rotatorischen Fahrzeugbewegungen skaliert sowie hochpassgefiltert und ergeben zusammen mit der Tilt-Bewegung die Rotationsbewegung der Plattform. Für die meisten Anwendungen in der Fahrsimulation müssen die Nick- und Wankbe-wegungen nicht skaliert oder hochpassgefiltert werden, sondern können 1:1 mit der Bewegungsplattform dargestellt werden. Die eingezeichneten Filter sind ein Relikt aus der Übernahme des Classical-Washout-Algorithmus aus der Flugsimulation, wo deutlich größere Nick- und Wankwinkel auftreten.

Ein Nachteil des Classical-Washout-Algorithmus ist die tendenziell schlechte Arbeitsraumnutzung. Da der Algorithmus keine Feedback-Schleife zur Ein-haltung der Arbeitsraumgrenzen enthält, muss er immer für den Worst Case parametriert werden. Je nach Anwendung muss z. B. für die Nutzung im Mo-torsport sichergestellt sein, dass der Fahrer auch mehrere aufeinander folgen-de Kurven nach links oder rechts auf einer Rennstrecke fahren kann bei gleichzeitiger Einhaltung der Arbeitsraumgrenzen. Um dieses Ziel zu errei-chen, kann die Washout Funktion so parametriert werden, dass die Bewe-gungsplattform nach jedem Manöver möglichst schnell in die Mittenposition zurückgeführt wird. Eine schnelle Rückführung hat jedoch den Nachteil, dass sie vom Probanden im Simulator wahrgenommen wird und diese False Cues als störend empfunden werden.

Ein wichtiges Thema bei der Entwicklung von Motion-Cueing-Algorithmen ist die menschliche Bewegungswahrnehmung. Während die Augen Positio-nen und Geschwindigkeiten erfassen, nimmt der Mensch über das somato-sensorische System und das Gleichgewichtsorgan im Innenohr Kräfte und Beschleunigungen wahr. Die menschlichen Sinne sind jedoch keine perfek-ten Sensoren, sie nehmen Bewegungen erst oberhalb gewisser Schwellwerte wahr. In der Literatur (z. B. [47], [66], [23]) sind diverse Untersuchungen zur Ermittlung dieser Wahrnehmungsschwellen in Fahr- und Flugsimulatoren dokumentiert. Für translatorische Beschleunigungen werden in unterschied-lichen Versuchen fast immer Wahrnehmungsschwellen in der Größenord-nung $0,2 \text{ m/s}^2$ ermittelt. Für Drehraten variieren die ermittelten Schwellwerte stärker von $0,5 \text{ °/s}$ bis über 5 °/s. Auch für Drehbeschleunigungen variieren die ermittelten Werte von $0,3 \text{ °/s}^2$ bis 6 °/s^2. Pretto et al. [66] konnten nach-weisen, dass das Versuchsdesign einen großen Einfluss auf die Wahrneh-mungsschwelle hat. Die ermittelte Wahrnehmungsschwelle stieg im Versuch von $0,5 \text{ °/s}$ für eine reine Wankbewegung auf $3,9 \text{ °/s}$, sobald der Wankbe-wegung eine translatorische Seitwärtsbewegung überlagert wurde. In einem weiteren Schritt musste der Proband zusätzlich aktiv ein Fahrzeug im Simu-lator lenken. Dadurch erhöhte sich die Wahrnehmungsschwelle weiter, auf im Mittel $6,3 \text{ °/s}$. Die Ablenkung durch die Fahraufgabe und der damit verbundene Anstieg der Wahrnehmungsschwelle wurde dabei jedoch nur für einen Teil der Probandengruppe festgestellt, während für die restlichen Probanden die Fahraufgabe keinen Einfluss auf die Wahrnehmungsschwelle hatte.

Die Simulatornutzer in der Querdynamikbewertung sind fast ausschließlich professionelle Testfahrer. Durch ihre Arbeit im Fahrversuch haben sie eine sehr gut geschulte Wahrnehmung. Aus diesem Grund werden an den jeweiligen Stellen niedrige Wahrnehmungsschwellen verwendet. Die verwendeten Wahrnehmungsschwellen sind $0{,}2$ m/s^2 für translatorische Beschleunigungen, 3 °/s^2 für rotatorische Beschleunigungen und 3 °/s für Drehraten.

Neben dem Classical-Washout-Algorithmus existiert eine Vielzahl an Algorithmen, die entweder für spezielle Anwendungsfälle entwickelt wurden oder das Motion Cueing Problem durch eine andere Strategie als der Classical-Washout-Algorithmus lösen. Nachfolgend wird auf eine Auswahl an Algorithmen eingegangen.

Seit circa zehn Jahren werden für die Lösung des Motion-Cueing-Problems Methoden der modellprädiktiven Regelung verwendet [16], [2], [4], [33], [76]. In diesem dynamischen Optimierungsverfahren wird in jedem Zeitschritt das Bewegungsverhalten der Simulatorplattform über einen finiten Zeithorizont modellbasiert prädiziert. Aus den skalierten Fahrzeugbeschleunigungen wird mit einer Kostenfunktion ein optimales Steuersignal für jeden Zeitschritt des Prädiktionszeitraums berechnet. In der Kostenfunktion sind dabei mindestens die Arbeitsraumgrenzen und die menschliche Bewegungswahrnehmung explizit berücksichtigt. Ein Nachteil der modellprädiktiven Regelung ist der hohe Rechenaufwand, sodass die Taktrate der Algorithmen mit 40 Hz [33] bis 100 Hz [4] verhältnismäßig niedrig gewählt werden muss, um Echtzeitfähigkeit sicherzustellen. Ein weiterer Nachteil dieser Algorithmen ist das nichtlineare Verhalten der Algorithmen. Wenn z. B. zwei aufeinanderfolgende Linkskurven gefahren werden, wird die Bewegungsplattform bereits zu Beginn der zweiten Kurve etwas nach links ausgelenkt sein. Damit ist die Bewegungsplattform während der zweiten Kurve näher an der linken Arbeitsraumgrenze. Die explizite Berücksichtigung der Arbeitsraumgrenzen in der Kostenfunktion führt dann dazu, dass die Intensität der Bewegung in der zweiten Kurve reduziert wird. Somit reagiert das Bewegungssystem auf zwei gleiche Manöver in unterschiedlicher Weise.

Der von Garrett und Best entwickelte Schwimmwinkel-Algorithmus ist speziell zur Bewertung von Fahrdynamik im Grenzbereich bzw. für die Nutzung mit Rennsportfahrzeugen geeignet [32]. Bei diesem Algorithmus wird der Schwimmwinkel des Fahrzeugs als Sollvorgabe für die Drehbewegung der Plattform um die Hochachse verwendet. Der Schwimmwinkel ist der Winkel zwischen der Fahrzeuglängsachse und der Bewegungsrichtung des Fahrzeugs und in der Querdynamik ein wichtiges Maß für die Gierstabilität des Fahrzeugs [43]. Gegenüber der Gierbewegung des Fahrzeugs hat der Schwimmwinkel den Vorteil, dass für seine Abbildung mit einer Bewegungsplattform in der Regel kein Hochpassfilter nötig ist, da der Schwimmwinkel nur bei sehr wenigen Fahrmanövern Werte >5° annimmt und damit unskaliert mit den meisten Bewegungsplattformen dargestellt werden kann. Dieser Vorteil ist aber gleichzeitig auch ein Nachteil des Algorithmus für die Nutzung ausserhalb der Anwendung Fahrdynamik im Grenzbereich, da bei moderater Fahrweise nur sehr kleine Schwimmwinkel (~1°) auftreten. Diese sehr kleinen Winkel sind als Bewegungsrückmeldung für eine Gierbewegung nur bedingt geeignet.

Bei den vorgenannten Algorithmen wird die Bewegungsplattform nach jedem Manöver durch die Washout Funktion in die neutrale Mittenposition zurückgeführt. Dies ist auch eine notwendige Voraussetzung für freies Fahren, z. B. im Stadtverkehr oder auf einer großen Dynamikfläche. Sobald jedoch die nächsten Manöver vorab bekannt sind, kann durch eine Vorpositionierung der Plattform der zur Verfügung stehende Arbeitsraum für genau diese Manöver vergrößert werden. Bei der Implementierung einer Vorpositionierung muss zum einen die konkrete Vorpositionierungsbewegung definiert werden. Weiß [79] beschreibt dazu zwei Verfahren zur Anfahrt auf eine neue künstliche Neutralposition. Sobald eine Vorpositionierung getriggert wird, erfolgt die Vorpositionierungsbewegung entweder in Form einer tiefpassgefilterten Sprungantwort oder als Verfahrbewegung mit konstanter Geschwindigkeit. Daneben muss die logische Struktur für die Vorpositionierung definiert werden, d. h. die Vorpositionierung muss situationsabhängig getriggert werden. Dies kann zum Beispiel – wie bei Pitz et al. [64] beschrieben – durch Umfeldinformationen gesteuert werden. So kann etwa eine Geschwindigkeitsbeschränkung an einer Ortseinfahrt zur Vorpositionierung für ein Bremsmanöver genutzt werden.

Abhängig von der Größe des Simulators und dem damit zur Verfügung stehenden Arbeitsraum sowie der Unsicherheit und Varianz im zu erwartenden

Manöver kann die Vorpositionierung in unterschiedlicher Intensität erfolgen. Granzow et al. [38] beschreiben ein Verfahren, bei dem ein vorab in sehr engen Grenzen definiertes Manöver, z. B. ein doppelter Spurwechsel, offline simuliert wird. Das zugehörige Bewegungsverhalten der Simulatorplattform wird anschließend für genau dieses Manöver optimiert. Dadurch ergibt sich ein sehr realistischer Bewegungsablauf bei sehr guter Ausnutzung des Arbeitsraumes der Plattform. Demgegenüber steht als Nachteil der sehr geringe Freiraum in der Manöverdurchführung für den Probanden, da bereits bei geringer Abweichung von der erwarteten Solltrajektorie die Arbeitsraumgrenzen der Bewegungsplattform erreicht werden.

Eine weitere Gruppe von Algorithmen sind fahrspurbasierte Algorithmen, bei denen die Querposition des virtuellen Fahrzeugs auf der Straße zur Ansteuerung der Querbewegung der Bewegungsplattform verwendet wird [64], [36]. Auf einer geraden Straße kann die Querposition direkt mit der Querbeschleunigung des Fahrzeugs korreliert werden. Somit kann die auftretende Querbeschleunigung (skaliert) über den translatorischen Arbeitsraum der Bewegungsplattform dargestellt werden. Bei der Fahrt auf einer gekrümmten Fahrbahn – also in einer Kurve – kann dann die zusätzlich auftretende Zentrifugalbeschleunigung durch eine Tilt-Bewegung dargestellt werden.

In dieser Arbeit werden im 4. Kapitel zwei Motion-Cueing-Algorithmen für den Anwendungsfall Querdynamikbewertung entwickelt. Im 3. Kapitel werden dazu unter anderem die spezifischen Anforderungen an das Motion Cueing aus der Querdynamikbewertung abgeleitet. Der in Kapitel 4.2 vorgestellte Ansatz ist eine Weiterentwicklung eines fahrspurbasierten Ansatzes, der vor allem den Arbeitsraum der verwendeten Plattform für den Anwendungsfall Querdynamikbewertung optimal ausnutzt. In Kapitel 4.3 wird ein gänzlich neuer Ansatz entwickelt, der mit Vorpositionierungstechniken die Arbeitsraumnutzung verbessert, ohne die Manöverdurchführung einzuschränken.

3 Querdynamikbewertung im Fahrsimulator

In diesem Kapitel werden in einem ersten Schritt die Anforderungen an den Prüfstandskomplex Fahrsimulator zur Querdynamikbewertung herausgearbeitet. Dazu wird zunächst in Kapitel 3.1 das Konzept des erweiterten Fahrer-Fahrzeug-Umwelt-Regelkreises zur Bewertung von Querdynamik im Fahrsimulator vorgestellt. In den folgenden Abschnitten werden die einzelnen Komponenten des erweiterten Fahrer-Fahrzeug-Umwelt-Regelkreises im Hinblick auf die Querdynamikbewertung im Fahrsimulator näher beleuchtet.

3.1 Erweiterter Fahrer-Fahrzeug-Umwelt-Regelkreis

Das Werkzeug Fahrsimulator bildet eine Schnittstelle zwischen einer virtuellen Umwelt, sowie einem virtuellen Fahrzeug und dem Fahrer in der Realität. Durch dieses Werkzeug kann der Mensch mit der Simulation interagieren. Übertragen auf den Fahrversuch zur Querdynamikbewertung soll der Fahrer im Fahrsimulator die dynamischen Eigenschaften des virtuellen Fahrzeugs in einer virtuellen Umgebung bewerten. In dieser Arbeit wird daher in Abbildung 3.1 der aus Kapitel 2.1 bekannte Fahrer-Fahrzeug-Umwelt-Regelkreis um den Fahrsimulator erweitert.

Im erweiterten Regelkreis werden die reale Umwelt und das reale Fahrzeug durch das jeweilige virtuelle Pendant ersetzt. Dadurch ergeben sich Herausforderungen, aber auch Vorteile. Während die virtuelle Umwelt aufwändig modelliert und teilweise validiert werden muss, können stochastische Einflüsse (z. B. aus Witterungsverhältnissen) eliminiert werden. Daneben entstehen in einer Simulationsumgebung keine Gefahren für andere Verkehrsteilnehmer oder das eigene Leben. Trotzdem können kritische Situationen (wie z. B. Glatteis) gezielt nachgestellt werden.

Analog zur virtuellen Umwelt muss auch das virtuelle Fahrzeug zunächst modelliert und validiert werden. Für die Anwendung Querdynamikbewertung gilt: Nur wenn das virtuelle Fahrzeugmodell die dynamischen Eigenschaften des realen Fahrzeuges hinreichend genau abbildet, können eben diese durch den Fahrer im Simulator bewertet werden. Gegenüber dem Real-

© Springer Fachmedien Wiesbaden GmbH, ein Teil von Springer Nature 2018
W. Brems, *Querdynamische Eigenschaftsbewertung in einem Fahrsimulator*, Wissenschaftliche Reihe Fahrzeugtechnik Universität Stuttgart, https://doi.org/10.1007/978-3-658-22787-6_3

fahrzeug ergeben sich auch hier Vorteile bei der Konstanz von Eigenschaften: Bei einem virtuellen Fahrzeug gibt es keinen ungewollten Bauteilverschleiß oder Streuung in den Bauteileigenschaften. Somit kann sowohl bei den Umwelteinflüssen als auch bei den Fahrzeugeigenschaften in einem Fahrsimulator die Streuung und Variabilität von Eigenschaften gegenüber der Realität reduziert werden. Umgekehrt kann im Fahrsimulator auch die Streuung von Eigenschaften gegenüber der Realität gezielt erhöht werden, indem beispielsweise ein erhöhter Bauteilverschleiß simuliert wird.

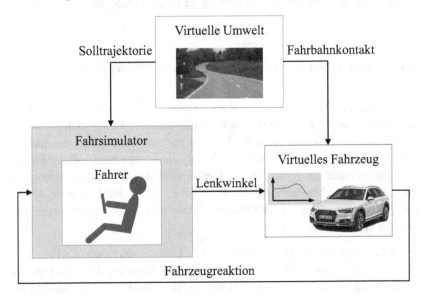

Abbildung 3.1: Um den Fahrsimulator erweiterter Fahrer-Fahrzeug-Umwelt-Regelkreis

Der Fahrer bleibt auch im erweiterten Regelkreis real vorhanden und kann über die Schnittstelle Fahrsimulator mit den virtuellen Bestandteilen des erweiterten Fahrer-Fahrzeug-Umwelt-Regelkreises interagieren. Die Solltrajektorie erfährt der Fahrer vornehmlich über die Sichtsimulation der virtuellen Welt. Daneben ist der Fahrsimulator Bestandteil der geschlossenen Regelschleife, in der dem Fahrer einerseits die zu bewertenden Fahrzeugreaktionen des virtuellen Fahrzeugs über den Fahrsimulator dargestellt werden und andererseits der Fahrer über das Lenkrad und die Pedale des Fahrsimulators auf das Fahrverhalten des virtuellen Fahrzeugs einwirkt.

Das Ziel bei der Gestaltung des erweiterten Regelkreises aus Abbildung 3.1 ist die bestmögliche Imitation des ursprünglichen Regelkreises (Abbildung 2.1) ohne den Simulator. Grundsätzlich gilt dieses Ziel für alle Fahrsimulatoranwendungen. Je nach Anwendung sind jedoch gewisse Abweichungen zulässig. Wenn z. B. in einem Simulator ein neues Bedienkonzept für die Klimaanlage untersucht werden soll, ist der Untersuchungsgegenstand die Anwendung von überwiegend wissensbasiertem und teilweise regelbasiertem Verhalten. Bei wissensbasiertem und regelbasiertem Verhalten erfolgt eine Handlung erst nach einer bewussten und aktiven Wahrnehmung und Interpretation einer unbekannten Szene. In diesem Zusammenhang kann der Fahrer sein Verhalten bewusst an eine veränderte Umgebung anpassen. Diese Untersuchung kann auch dann durchgeführt werden, wenn die Sinnesreize, die die eigentliche Fahraufgabe betreffen, hinsichtlich ihrer dynamischen Eigenschaften von der Realität abweichen. Damit spielt z. B. die Latenz in der Sichtsimulation und die damit verzögerte Wahrnehmung der Fahrzeugbewegung eine untergeordnete Rolle.

Demgegenüber basiert bei der Querdynamikbeurteilung der Untersuchungsgegenstand auf der Anwendung von fertigkeitsbasiertem Verhalten. Dies meint automatisierte, sensomotorische Verhaltensmuster, die ohne bewusste Interpretation innerhalb von Sekundenbruchteilen ablaufen können. Auf die zur sicheren Fahrzeugbeherrschung notwendigen Reiz-Reaktions-Mechanismen hat der Fahrer nur sehr eingeschränkte Einflussmöglichkeiten. Diese Mechanismen laufen zum Großteil ohne bewusstes Zutun des Fahrers ab. Der Fahrer ist daher darauf angewiesen, dass die auslösenden Sinnesreize im Simulator möglichst genau den Sinnesreizen im realen Fahrzeug entsprechen. Ein Beispiel hierfür sind Lenkkorrekturen in einer kritischen Fahrsituation. Bei einem übersteuernden Fahrzeugverhalten helfen dem Fahrer seine antrainierten Fähigkeiten, durch intuitive Lenkkorrekturen das Fahrzeug wieder zu stabilisieren. Diese Korrekturen können je nach Fahrer durch unterschiedliche Sinnesreize getriggert werden. Dies kann z. B. eine hohe Gierrate (visuelle Wahrnehmung), eine hohe Gierbeschleunigung (vestibuläre Wahrnehmung) oder auch ein bestimmter Lenkmomentenverlauf (haptische Wahrnehmung) sein. Daher sollen im Fahrsimulator für diese Anwendung möglichst alle Sinnesreize wie im realen Fahrversuch auftreten.

Fertigkeitsbasierte Automatismen unterstützen den Fahrer bei der sicheren Fahrzeugbeherrschung, sie ermöglichen ihm aber auch die gleichzeitige aufmerksame Beobachtung und Bewertung der fahrdynamischen Eigenschaf-

ten. In einer idealen Welt hätte ein Fahrsimulator dazu ein aus regelungs-
dynamischer Sicht neutrales Verhalten, das bedeutet eine Amplitudenverstärkung von 1 und einen Phasenwinkel von 0°. Nur dann ist sichergestellt, dass
der Fahrer das dynamische Verhalten des virtuellen Fahrzeugs bewertet und
nicht die dynamischen Eigenschaften des Simulators. Im realen Fahrversuch
bewertet ein Fahrer z. B. die Intensität und die zeitliche Verzögerung der
Gierreaktion eines Fahrzeugs auf einen Lenkwinkelsprung. Um die Bewertung dynamischer Fahrzeugeigenschaften auch im Simulator durchführen zu
können, dürfen durch die Hard- und Software des Simulators ebendiese dynamischen Eigenschaften nicht verzerrt werden. In der Praxis ist dies aus
technischen Gründen nicht vollständig umsetzbar. Im Folgenden werden diese technischen Randbedingungen und einige Verbesserungsmaßnahmen anhand des in dieser Arbeit verwendeten Simulators erläutert.

3.2   Identifikation, Bewertung und Verbesserung der Simulatordynamik

Eine ausführliche dynamische Analyse des verwendeten Simulators wurde
erstmals in [10] vorgestellt. In Kapitel 3.2.1 werden daraus die wesentlichen
Ergebnisse zusammengefasst. Darauf aufbauend werden in Kapitel 3.2.2
Maßnahmen zur Verbesserung der Simulatordynamik präsentiert, die zusammen mit dem Hersteller des Simulators erarbeitet und vorgestellt wurden
[75].

3.2.1   Dynamische Analyse des verwendeten Simulators und Bewertung der Ergebnisse

Hinsichtlich der im vorhergehenden Abschnitt geforderten dynamischen
Neutralität können die relevanten Simulatorkomponenten aus Abbildung 3.2
in zwei Gruppen aufgeteilt werden.

Für die Sichtsimulation und die Geräuschsimulation beschränkt sich die Abweichung von einem optimalen Verhalten (Amplitudenverstärkung 1, Phasenwinkel 0°) in der Praxis auf die jeweilige Latenz. Dabei wird die Latenz
in einer End-to-End-Betrachtung ermittelt. Es wird also die Zeit betrachtet

von der Fahrereingabe des Lenkwinkels bis zu einer messbaren Systemreaktion des jeweiligen Simulator-Subsystems. Um nur die Systemlatenz zu messen, wird das Fahrzeugmodell in Abbildung 3.2 überbrückt. Der Lenkwinkel wird dazu z. B. mit der Sichtsimulation so verknüpft, dass eine Lenkwinkeländerung direkt zu einem Farbwechsel im Bild führt.

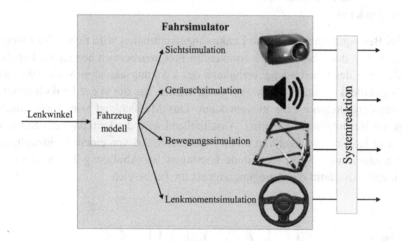

Abbildung 3.2:   Schematische Darstellung des Simulators für die dynamische Systemanalyse

Damit wird für die Geräuschsimulation mithilfe eines Mikrophons zunächst eine Latenz von über 150 ms gemessen. Durch einfache Softwareänderungen (Installation von anderen Audio-Treibern, sowie Parametereinstellungen in der Audio-Engine) kann diese Latenz auf ~15 ms reduziert werden. Für die Sichtsimulation wird durch Messungen mit einer photoempfindlichen Diode die minimale Latenz mit ~30 ms identifiziert. Durch die diskrete Bildwiederholrate der Beamer (120 Hz) kommen zu diesem Minimalwert bis zu 8,3 ms dazu. Weitere Messungen mit einem Videolatenzmessgerät (wie z. B. [55]) ergeben, dass von der Gesamtlatenz der Sichtsimulation ca. 20 ms durch den Beamer verursacht werden und nur die verbleibenden 10 ms durch das Grafik-Rendering und Signalverarbeitung bedingt sind.

Für die Bewegungssimulation und die Lenkmomentsimulation wird jeweils eine Totzeit von ca. 10 ms gemessen. Der Wert für die Bewegungssimulation

bezieht sich dabei nur auf den Hexapod. Eventuelle Verzögerungen/ Phasenfehler aus Motion-Cueing-Algorithmen sind darin nicht berücksichtigt. Damit ist die Sichtsimulation wie bei anderen Simulatoren das langsamste Sub-
system des Simulators. Neuere Untersuchungen legen nahe, dass diese im
Vergleich geringe Latenz von ~30 ms von geübten Fahrern als störend
wahrgenommen werden kann [75]. Aus diesem Grund wird in Kapitel 3.2.2
eine Strategie vorgestellt, mit der die wahrnehmbare Latenz weiter reduziert
werden kann.

Bei Bewegungsplattform und Lenkmomentsimulation wird neben der Latenz
zusätzlich das Übertragungsverhalten im Frequenzbereich betrachtet. Für die
Messung des Übertragungsverhaltens des Lenkungsaktuators wird dazu das
Originallenkrad durch ein Messlenkrad ersetzt, das die in der Lenksäule auftretenden Drehmomente messen kann. Das Messlenkrad wird mechanisch
gegen Verdrehungen blockiert. Anschließend wird der Lenkungsaktuator mit
einem Konstantmoment von 3 Nm angesteuert, das von einem breitbandigen
Rauschen mit 1,5 Nm Amplitude überlagert ist. Abbildung 3.3 zeigt einen
kurzen Ausschnitt des Anregungssignals im Zeitbereich.

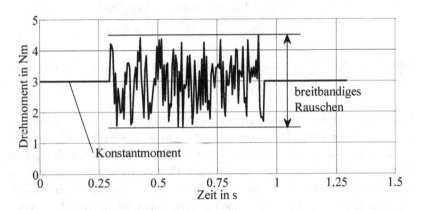

Abbildung 3.3:   Anregungssignal zur Bestimmung des Übertragungsverhaltens des Lenkungsaktuators

Durch das Konstantmoment wird die komplette Lenksäule inklusive des
Messlenkrads dauerhaft in eine Richtung vorgespannt. Durch diese leichte
Vorspannung kann der Einfluss von eventuell vorhandenem Spiel in der
Lenksäule oder der Messeinrichtung eliminiert werden. Abbildung 3.4 zeigt

das gemessene Übertragungsverhalten zwischen der Momentenvorgabe am Lenkungsaktuator und dem am Messlenkrad gemessenen Drehmoment im Frequenzbereich.

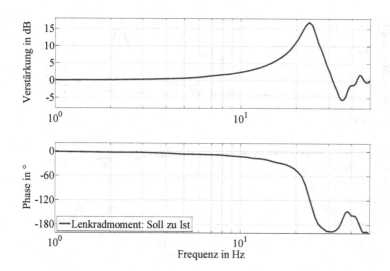

Abbildung 3.4:   Gemessenes Übertragungsverhalten des Force-Feedback Lenkrads bei einer Anregung durch ein breitbandiges Rauschen

Bei niedrigen Frequenzen <5 Hz gibt es nur geringe Amplitudenfehler und eine sehr kleine quasilineare Phase, die der gemessenen Totzeit/Latenz entspricht. Für höhere Frequenzen zeigen sich deutlichere Abweichungen und bei ca. 24 Hz schwingt das System in einer ersten Eigenfrequenz. Die Bandbreite des Systems ist bei ca. 31 Hz erreicht, wenn die Amplitudenverstärkung nach der Eigenfrequenz <1 wird, also unter die 0 dB-Linie fällt.

Um das gemessene Übertragungsverhalten einzuordnen, muss zunächst der relevante Frequenzbereich identifiziert werden. Für fahrdynamische Untersuchungen ist laut Mitschke [57] ein Frequenzbereich zwischen 0 und <5 Hz deutlich ausreichend. Durch eigene Auswertungen von Lenkwinkelsignalen von Testfahrern und Rennfahrern kann bestätigt werden, dass Fahrer auch in kritischen Situationen nicht schneller als 5 Hz lenken. Vor diesem Hinter-

grund werden die dynamischen Eigenschaften des verwendeten Lenkungsaktuators als ausreichend eingestuft.

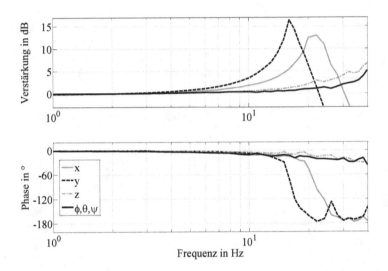

Abbildung 3.5: Gemessenes Übertragungsverhalten des verwendeten Hexapods für alle sechs Freiheitsgrade. Die rotatorischen
Freiheitsgrade sind in einer Kurve zusammengefasst

Zur Vermessung der Bewegungsplattform werden nacheinander alle sechs
Freiheitsgrade einzeln von 1 Hz bis 40 Hz in Schritten von 1 Hz angeregt.
Als Anregungssignal wird ein Sinussignal mit einer Beschleunigungsamplitude von 2 m/s^2 für die translatorischen Freiheitsgrade und 1,4 rad/s^2 für die
rotatorischen Freiheitsgrade verwendet. Die Reaktion der Bewegungsplattform wird mit drei triaxialen Beschleunigungssensoren gemessen. Die Beschleunigungssensoren werden dazu unter dem Sitz in einem Dreieck ange-
ordnet, so dass über einfache geometrische Betrachtungen aus den translatorischen Messsignalen auch die jeweiligen rotatorischen Beschleunigungen
berechnet werden können.

Anschließend werden die gemessenen Beschleunigungen hinsichtlich Amplitude und Phase zur Beschleunigungssollvorgabe ins Verhältnis gesetzt. Die
in Abbildung 3.5 dargestellten Übertragungsfunktionen werden dann aus den

Stützstellen bei den einzelnen Frequenzen interpoliert. Da die Kurven für die drei rotatorischen Freiheitsgrade (Wanken φ, Nicken θ, Gieren ψ) nahezu deckungsgleich sind, werden sie der Übersicht halber in einer Kurve zusammengefasst. Für die Bewegungsplattform zeigt sich ein ähnliches Verhalten wie für den Lenkungsaktuator: Bei niedrigen Frequenzen (< 5 Hz) gibt es kaum Abweichungen von einem idealtypischen Übertragungsverhalten. Für die translatorischen Freiheitsgrade längs (x-Richtung) und quer (y-Richtung) zeigen sich dann bei ~22 Hz, bzw. ~17 Hz erste Eigenfrequenzen. Die Eigenfrequenzen der Vertikalbewegung und der rotatorischen Freiheitsgrade liegen erst oberhalb des vermessenen Frequenzbereichs von 40 Hz. Das dynamische Verhalten des Hexapods ist im querdynamisch relevanten Frequenzbereich unterhalb von 5 Hz damit auch ausreichend. Neben der Limitierung durch die Bewegungsplattform wird das dynamische Verhalten der Bewegungssimulation zum Großteil durch das Motion Cueing bestimmt. In Kapitel 4 werden deshalb für den Anwendungsfall Querdynamikbeurteilung geeignete Motion-Cueing-Algorithmen entwickelt.

Insgesamt lässt sich für die dynamischen Eigenschaften des Simulators festhalten, dass das Übertragungsverhalten der Aktoren (Lenkungsaktuator und Bewegungsplattform) für den Anwendungsfall Querdynamikbeurteilung ausreichend ist. Die Latenzen aller Simulatorsubsysteme sind im Vergleich mit anderen Simulatoren gering, können aber trotzdem von einigen Fahrern wahrgenommen werden. Da die Geräuschsimulation für die Fahrdynamikbewertung von untergeordneter Bedeutung ist, wird sie im weiteren Verlauf nicht explizit betrachtet.

3.2.2   Minimierung der wahrnehmbaren Latenzen und Synchronisierung der Simulator-Subsysteme

Wie in Kapitel 3.1 herausgearbeitet, würde ein idealer Fahrsimulator die simulierten Fahrzeugzustände verzögerungsfrei darstellen. Dies ist in der Praxis nicht möglich. Im vorhergehenden Abschnitt wurden die dynamischen Eigenschaften und Latenzen des verwendeten Simulators herausgearbeitet. Durch die Latenzen werden die simulierten Fahrzeugzustände mit (kurzen) Verzögerungen übertragen und der Fahrer erlebt im erweiterten Fahrer-Fahrzeug-Umwelt-Regelkreis eine zeitlich (leicht) verzerrte Darstellung der Fahrzeugzustände. Da die Zukunft nicht genau vorhergesagt werden kann, können diese Verzerrungen nicht vollständig beseitigt werden. Im nächsten Abschnitt werden jedoch Maßnahmen implementiert, mithilfe derer die wahrnehmbaren zeitlichen Verzerrungen reduziert werden können. Dies geschieht, indem der künftige Verlauf von Fahrzeugzuständen prädiziert wird. Anschließend werden nicht die originalen Fahrzeugzustände, sondern die prädizierten Fahrzeugzustände mit dem Simulator wiedergegeben und aufgrund der technischen Limitierungen des Fahrsimulators verzögert dargestellt. Wenn die Prädiktion und die technisch bedingte Verzögerung durch den Simulator gleich groß sind, erlebt der Fahrer dann im Fahrsimulator die originalen, unverzögerten Fahrzeugzustände.

Die Minimierung und Kompensation der Latenz von Simulatoren durch Prädiktionsalgorithmen ist seit langem Untersuchungsgegenstand in der Literatur (z. B. [13], [39], [25]). Bei der Auswahl der verwendeten Algorithmen spielen viele Faktoren eine Rolle, unter anderem der Prädiktionshorizont und der relevante Frequenzbereich. Der Prädiktionshorizont bezeichnet den Zeitraum, für den ein Signal in die Zukunft geschätzt wird. Für den vorliegenden Simulator entspricht der maximale Prädiktionshorizont mit 30 ms der Latenz der Sichtsimulation. Als Obergrenze für den relevanten Frequenzbereich werden wie im vorhergehenden Abschnitt 5 Hz festgelegt.

Zur Verbesserung des Leseflusses werden in den folgenden Abschnitten nur translatorische Bewegungen diskutiert. Alle vorgestellten Konzepte des Kapitels 3.2.2 können ohne Gültigkeitsverlust auf rotatorische Bewegungen übertragen werden.

In einem ersten Schritt wird die Sichtsimulation als langsamstes System mit der Bewegungssimulation bzw. der Lenkmomentsimulation, synchronisiert. Dies bedeutet, dass nach einer Synchronisierung für die Sichtsimulation und die Bewegungssimulation bzw. Lenkmomentsimulation die wahrnehmbare Latenz gleich groß ist. Die Sichtsimulation muss dazu gegenüber der Bewegungssimulation um die Differenz der Latenz beider Systeme prädiziert werden. Da die Latenz der Sichtsimulation ~30 ms beträgt und die Latenz der Bewegungssimulation ~10 ms, ergibt sich für den Prädiktionshorizont in diesem Fall ein Wert von $t_p \sim 20$ ms.

Die einfachste Form zur Prädiktion der Position eines bewegten Objekts ist eine lineare Extrapolation nach Gl. 3.1:

$$p_p = p_0 + v_0 \cdot t_p$$

Gl. 3.1

Unter der Annahme konstanter Geschwindigkeit v_0 ergibt sich die prädizierte Position p_p durch Addition der eigentlichen Position p_0 und dem Produkt aus Prädiktionshorizont t_p und Geschwindigkeit v_0. Die Annahme einer über den Prädiktionshorizont konstanten Beschleunigung a_0 führt zu einer quadratischen Extrapolation der Form

$$p_p = p_0 + v_0 \cdot t_p + \frac{1}{2} \cdot a_0 \cdot t_p^2$$

Gl. 3.2

Der Vorteil der quadratischen Extrapolation liegt in einem geringeren Prädiktionsfehler im Vergleich zur linearen Extrapolation. Demgegenüber hat die Implementierung im Simulator gezeigt, dass die quadratische Extrapolation empfindlicher gegenüber verrauschten Signalen ist und damit instabil. Für den kurzen in dieser Anwendung betrachteten Prädiktionshorizont in Verbindung mit den niedrigen auftretenden Frequenzen wird der lineare Ansatz als ausreichend erachtet.

Neben der Synchronisierung von Sicht- und Bewegungssimulation muss für den verwendeten Simulator mit fest am Boden stehender Leinwand jede Bewegung des Hexapods in der Sichtsimulation ausgeglichen werden. Dieser Sachverhalt ist in Abbildung 3.6 dargestellt.

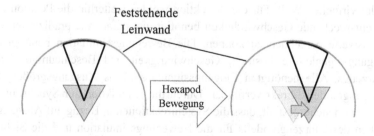

Abbildung 3.6: Einfluss der Hexapodbewegung auf das Sichtfeld auf der Leinwand und Kompensation durch Hexapod-Tracking

Wenn z. B. der Hexapod und damit das Sichtfeld des Fahrers nach rechts bewegt wird, muss diese Bewegung im Bild auf der Leinwand vollständig nachgeführt werden. Dieser Ausgleichsvorgang wird als Hexapod-Tracking bezeichnet und kann mit dem Eye-Tracking in einer CAVE (Cave Automatic Virtual Environment) verglichen werden.

In Abbildung 3.7 sind die Signalflüsse für die Implementierung der Synchronisierung von Sichtsimulation und Bewegungssimulation sowie das Hexapod-Tracking schematisch dargestellt. Im Sinne einer besseren Lesbarkeit werden im Folgenden nur translatorische Größen diskutiert. Alle Aussagen gelten auch uneingeschränkt für rotatorische Größen.

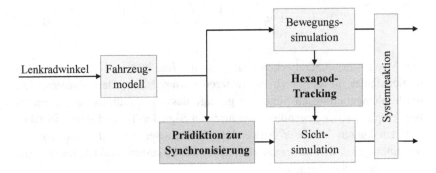

Abbildung 3.7: Prädiktionsmechanismen für das Hexapod-Tracking und zur Synchronisierung von Sicht- und Bewegungssimulation

Die Sichtsimulation benötigt als Eingangssignal die Position des Fahrzeugs in der virtuellen Welt. Für die Prädiktion werden weiterhin die Position und die entsprechende Geschwindigkeit benötigt, um daraus die prädizierten Positionswerte berechnen zu können. Die Bewegungssimulation benötigt als Eingangssignale die Position, Geschwindigkeit und Beschleunigung des Fahrzeugs. Alle benötigten Eingangssignale sind als Ausgangsgrößen des Fahrzeugmodells direkt verfügbar. Durch die „Prädiktion zur Synchronisierung" wird sichergestellt, dass die Systemreaktionen in Bezug auf Ausgangsgrößen des Fahrzeugmodells für die Bewegungssimulation und die Sichtsimulation synchron sind. Unter der Voraussetzung, dass durch das Motion Cueing als Teil der Bewegungssimulation keine weiteren Phasenfehler verursacht werden, erlebt der Fahrer damit zwischen Sichtsimulation und Bewegungssimulation eine zeitlich konsistente Fahrzeugreaktion. Parallel dazu wird durch das „Hexapod-Tracking" sichergestellt, dass alle durch die Bewegungssimulation bedingten Verschiebungen des Sichtfelds des Fahrers in der Sichtsimulation verzögerungsfrei ausgeglichen werden. Das Hexapod-Tracking benötigt dazu als Eingangsgrößen die Sollposition und Sollgeschwindigkeit des Hexapods und berechnet daraus prädizierte Hexapod-Positionswerte, die als weitere Eingangsgrößen der Sichtsimulation dienen.

Durch die Synchronisierung der Sichtsimulation mit der Bewegungssimulation wird die maximal wahrnehmbare Latenz des Simulators auf die Latenz der Bewegungssimulation (ca. 10 ms) reduziert. Im nächsten Abschnitt wird eine Methode vorgestellt, um auch die verbleibende wahrnehmbare Latenz weitestgehend zu eliminieren. Damit erlebt der Fahrer, wie in Kapitel 3.1 gefordert, im Simulator nur die dynamischen Eigenschaften des Fahrzeugmodells ohne Verfälschungen durch den Simulator.

Für die Sichtsimulation wird zur Prädiktion der Position deren erste Ableitung nach der Zeit, also die Geschwindigkeit, verwendet, die direkt aus dem Fahrzeugmodell zur Verfügung steht. Die Bewegungssimulation benötigt als Eingangssignale Position, Geschwindigkeit und Beschleunigung. Die zeitliche Ableitung der Beschleunigung, der sogenannte Ruck, wird aber im Fahrzeugmodell nicht berechnet. Daher kann für die Bewegungssimulation nicht der gleiche Prädiktionsmechanismus verwendet werden. Stattdessen wird wie in Abbildung 3.8 dargestellt, der Lenkradwinkel als Eingangssignal in das Fahrzeugmodell prädiziert.

Im verwendeten Simulator sind sowohl der Lenkradwinkel, als auch die Lenkradwinkelgeschwindigkeit als Eingangssignale für das Fahrzeugmodell verfügbar. Mit dem verwendeten Fahrzeugmodell (VI-CarRealTime) wird davon nur der Lenkradwinkel genutzt. Dieser kann unter Verwendung der Lenkradwinkelgeschwindigkeit und einem Prädiktionshorizont t_p=10 ms nach Gl. 3.1 prädiziert werden. Der Prädiktionshorizont entspricht der Latenz des Bewegungssystems und der Lenkmomentsimulation.

Insgesamt kann damit für den relevanten fahrdynamischen Frequenzbereich bis 5 Hz die wahrnehmbare Latenz des Simulators komplett eliminiert werden. Die Effektivität der vorgestellten Methode kann mithilfe von zwei einfachen Experimenten bestätigt werden.

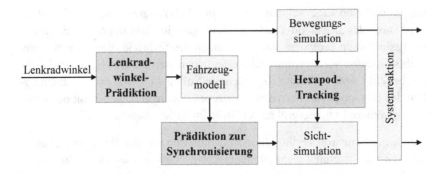

Abbildung 3.8: Schematische Darstellung der Prädiktionsmechanismen zum Erreichen minimaler wahrnehmbarer Latenz

Das erste Experiment wird zur Optimierung des Hexapod-Tracking verwendet. Dazu wird im Fahrzeugmockup in der Fahrerkopfposition ein Laserpointer fixiert, der ein beliebiges Objekt in der virtuellen Welt (z. B. einen Baum) auf der Leinwand anstrahlt. Dieser Laserpointer repräsentiert das Sichtfeld des Fahrers. Die Sichtsimulation auf der Leinwand und der Laserpointerpunkt werden nun mit einer Hochgeschwindigkeitskamera gefilmt. Anschließend wird in Abbildung 3.8 die Verbindung zwischen Fahrzeugmodell und Bewegungssimulation gekappt und die Bewegungssimulation stattdessen mit einer sinusförmigen Gierbewegung bei unterschiedlichen Frequenzen angesteuert. Durch den Laserpointer wird genau diese Bewegung auf der Leinwand sichtbar. Durch das Hexapod-Tracking in der Sichtsimulation wird die virtuelle Welt mitbewegt. Wenn nun das Hexapod-Tracking nicht richtig parametriert ist, hinkt die Bewegung der virtuellen Welt im Bild der Hexapodbewegung und damit dem Laserpointerpunkt hinterher. Bei einem korrekt implementierten Hexapod-Tracking hingegen zeigt der Laserpointer in der virtuellen Welt immer auf das gleiche Objekt. Mit diesem Versuchsaufbau und einer Auswertung der Hochgeschwindigkeitsaufnahmen kann auch bei unbekannten Systemlatenzen[1] durch empirische Variation des Prädiktionshorizonts t_p ein gutes Hexapod-Tracking umgesetzt werden.

---

[1] Dies gilt nur unter der Annahme, dass der Hexapod im betreffenden Frequenzbereich ein näherungsweise ideales dynamisches Verhalten (Amplitudenverstärkung 1, dynamische Phase 0°) aufweist.

Mit dem zweiten Experiment kann die gesamte Latenzkette des Simulators untersucht werden. Dazu wird wie in Abbildung 3.9 dargestellt der Laserpointer auf dem Lenkrad montiert. Der vergrößerte Ausschnitt zeigt den hellen Laserpunkt auf der Leinwand.

Abbildung 3.9: Versuchsaufbau mit auf dem Lenkrad montierten Laserpointer zur Verifizierung der Latenzkompensation.

Wird nun das Lenkrad gedreht, bewegt sich der Laserpunkt auf einer kreisförmigen Bahn auf der Leinwand. Für dieses Experiment wird das Fahrzeugmodell durch eine kinematische Transformation ersetzt, die aus der Lenkraddrehbewegung eine Drehbewegung der virtuellen Kamera errechnet. Dadurch bewegt sich die virtuelle Szenerie auf der gleichen Kreisbahn wie der Laserpunkt. Wird nun sowohl die Lenkwinkelprädiktion als auch die Prädiktion zur Synchronisierung aus Abbildung 3.7 aktiviert, folgt die virtuelle Szene dem Laserpunkt ohne sichtbare Verzögerung. Mit diesem Experiment kann somit nachgewiesen werden, dass in der gesamten Kette vom Lenkradwinkel als Fahrzeugmodelleingang bis zur Systemreaktion im Bild keine wahrnehmbare Latenz verursacht wird.

3.3   Virtuelle Umwelt

Die virtuelle Umwelt enthält alle Elemente, die das simulierte Fahrzeug um-
geben. Je nach Simulatoranwendung kann das 3D-Modell der virtuellen Umwelt um dynamische Elemente wie eine Fremdverkehrssimulation, Fuß-
gänger oder Ampeln erweitert werden. Für die Querdynamiksimulation sind
diese Erweiterungen nicht notwendig, es genügt ein statisches 3D-Modell
ohne Interaktionsmöglichkeiten. Es kann hinsichtlich der virtuellen Umwelt
eine Unterteilung in die Modellierung des dreidimensionalen Szenarios und
die Modellierung der Fahrbahnoberfläche erfolgen.

3.3.1   Szenariomodellierung

Wie in Kapitel 2.1 beschrieben, erfolgt die Querdynamikbewertung auf abge-
sperrten Strecken (Prüfgelände, Rennstrecke), aber auch auf öffentlichen
Straßen (kurvige Landstraße, Autobahn). Innenstadt-Szenarien, die für die
Bewertung von Fahrerassistenzsystemen geeignet sind, werden in der Querdynamikbewertung nicht verwendet. Durch die Nutzung von bekannten
Strecken soll ein hoher Wiedererkennungswert geschaffen werden. So wissen Testfahrer in der Regel, auf welchem Streckenabschnitt eines Kurses
welche Eigenschaften bewertet werden können oder mit welcher Höchstge-
schwindigkeit ein Abschnitt gefahren werden kann. Um dieses Wissen auch
in der virtuellen Umwelt nutzbar zu machen, müssen die Strecken geometrisch korrekt modelliert werden; der Fahrbahnverlauf und das Terrain des
3D-Modells müssen gegenüber der Realität einen möglichst hohen Wiedererkennungswert haben. Dazu werden die jeweiligen Strecken zunächst mit La-
serscannern vermessen und anschließend die erhobenen Daten zur Modellierung des Szenarios verwendet. Neben der korrekten geometrischen Darstellung von Fahrbahn und Terrain müssen auch alle aus der Fahrerperspektive
sichtbaren Objekte auf und entlang der Strecke korrekt positioniert und dargestellt werden. Dies umfasst z. B. Straßenschilder, einzelne frei stehende
Bäume, Leitplanken, Kanaldeckel, Kerbs, etc. Anhand dieser Objekte orien-
tieren sich Fahrer auf der Strecke und referenzieren beispielsweise Brems-
punkte oder Kurvenscheitelpunkte. Wenn diese Objekte in der virtuellen
Welt fehlen oder falsch platziert sind, führt dies zu einem reduzierten Wiedererkennungswert. Eigene Erfahrungen haben gezeigt, dass dadurch die

Fahrer Orientierungsschwierigkeiten haben und damit die Fahrverhaltensbeurteilung erschwert wird.

Für eine möglichst hohe Immersion ist auf eine realitätsnahe Modellierung und Texturierung aller Objekte zu achten, was bei hoher Detailtiefe allerdings zu rechenintensiven Grafikprozessen führen kann. Demgegenüber wird eine möglichst hohe Bilderzeugungsrate und geringe Latenz angestrebt. Für die Simulatoranwendung Querdynamikbewertung ist in diesem Zielkonflikt ein Kompromiss zugunsten einer hohen Bilderzeugungsrate einzugehen. Dies kann beispielsweise durch die Verwendung von Modellen mit wenigen Polygonen in Verbindung mit realistischen Texturen erreicht werden. Die Bilderzeugungsrate kann weiter optimiert werden, indem nur die Elemente im direkten Sichtfeld des Fahrers als 3D-Modelle dargestellt werden. Für Elemente im peripheren Sichtfeld genügt eine Darstellung über Texturen auf einfachen geometrischen Formen wie z. B. Quadern oder auch eine Darstellung als rein flächige Elemente ohne Tiefeninformation.

Neben einer detailgetreuen Übertragung von bekannten Strecken in die virtuelle Umwelt können für die Anwendung im Fahrsimulator auch nur einzelne Streckenabschnitte modelliert werden oder gänzlich fiktive Strecken erzeugt werden. Soll beispielsweise die Fahrzeugreaktion in einer einzelnen Kurve oder Schikane auf einer langen Strecke untersucht werden, kann diese Kurve mit kurzen generischen Verbindungsstücken zu einem sich wiederholenden Muster verbunden werden. Dadurch kann genau diese Kurve in kurzer Abfolge ohne Unterbrechung der Simulation mehrmals durchfahren werden.

In Fahrsimulatoren wird oft die eigene Fahrgeschwindigkeit unterschätzt, wobei die genauen Ursachen dafür bis heute nicht vollständig erforscht sind. Eine wesentliche Rolle bei der visuellen Geschwindigkeitswahrnehmung spielt der sogenannte optische Fluss, insbesondere im seitlichen Sichtfeld [54]. Vereinfacht gesagt beschreibt der optische Fluss die wahrnehmbare Relativbewegung zwischen Objekten in einer Szene und einem Beobachter. Er ist umgekehrt proportional zur Entfernung der Objekte vom Beobachter. Auf einer fiktiven Strecke kann durch eine intensive aber realistische Bepflanzung oder Bebauung am Straßenrand, also in geringer Entfernung zum Beobachter, gezielt der optische Fluss gesteigert werden. Der Effekt wird in Abbildung 3.10 zusätzlich durch die von fünf auf drei reduzierte Fahrspurenanzahl verstärkt. Durch diese Maßnahmen kann die Geschwindigkeitswahrneh-

mung im Fahrsimulator verbessert werden, wodurch eine realistischere Fahrverhaltensbeurteilung ermöglicht wird.

Abbildung 3.10:   Vergleich zweier Autobahnszenarien mit unterschiedlicher Bepflanzung am Straßenrand und unterschiedlicher
Anzahl an Fahrspuren

3.3.2   Fahrbahnmodellierung

In der Querdynamikbewertung ist die Fahrbahn die wichtigste Einflussgröße
aus der Umwelt. Der Fahrer nimmt den Fahrbahnverlauf über die Sichtsimulation wahr. Gleichzeitig ist das Höhenprofil der Fahrbahn eine wichtige Eingangsgröße für das Fahrzeugmodell. Für einen Fahrsimulator kann die Fahrbahn auf unterschiedliche Weise modelliert werden. Bei vielen Anwendung-
en wird als Fahrbahnoberfläche für die Fahrdynamiksimulation das aus
(möglichst) wenigen Polygonen zusammengesetzte 3D-Modell der Grafiksimulation verwendet. Es wird also für die Berechnung des Reifen-Fahrbahn-
Kontakts und der auftretenden Reifenkräfte das geometrisch gleiche Fahrbahnmodell wie in der Sichtsimulation verwendet. Für die Anwendung Querdynamikbewertung ist das Höhenprofil des 3D-Grafikmodells als Grundlage
der Fahrdynamiksimulation zu ungenau. Deshalb wird an dieser Stelle in
einer Parallelsimulation zum 3D-Grafikmodell eine zusätzliche hochaufge-
löste Fahrbahnoberfläche verwendet. Durch die Parallelsimulation kann ein
detailliertes Fahrbahnmodell verwendet werden, ohne eine Steigerung der
Rechenintensität im Grafikmodell und eine Verringerung der Bilderzeugungsrate in Kauf nehmen zu müssen.

Aus der Vielzahl an existierenden (und geeigneten) Fahrbahnmodellen wird im vorliegenden Simulator das OpenCRG-Format verwendet. In diesem Format wird eine Fahrbahn durch eine Fahrbahnmittellinie und ein überlagertes reguläres Raster beschrieben. Während durch die Mittellinie der globale Straßenverlauf im Raum beschrieben wird, können durch das Raster lokale Details der Straßenoberfläche wie Welligkeit oder Einzelhindernisse abgebildet werden.

Die Fahrbahnmodellierung im OpenCRG-Format erlaubt sowohl die Nutzung von vermessenen Strecken als auch die Erzeugung synthetischer Straßen. Dabei müssen bei der Fahrbahnmodellierung immer die Anforderungen aus dem jeweiligen Reifenmodell bzw. der Fahrdynamiksimulation berücksichtigt werden. In der vorliegenden Anwendung wird beispielsweise ein Magic-Formula-Reifenmodell nach Pacejka [63], und damit ein Einpunkt-Reifenkraftmodell verwendet. Damit ist eine Glättung von rauschbehafteten vermessenen Straßendaten zielführend, um starke, unrealistisch hohe Radlastschwankungen zu vermeiden. Dies kann z. B. mit einem diskreten Gauß-Filter erfolgen, der gewöhnlich zur Glättung in der Bildverarbeitung verwendet wird. Eine andere Möglichkeit zur Glättung von Straßendaten findet sich bei Wiesebrock [83], der eine (mehrfach) differenzierbare NURBS-Approximation zur Beschreibung der Fahrbahnoberfläche verwendet.

Die Anforderungen aus der Fahrdynamiksimulation müssen auch bei der Fahrbahnmodellierung von synthetischen Straßen für fiktive Strecken berücksichtigt werden. Davon abgesehen hat der Entwickler bei der Gestaltung der Fahrbahn sehr große Freiheiten. Für fiktive Strecken können beliebige Fahrbahnoberflächen gestaltet werden. Dazu können z. B. auf einem fiktiven Streckenverlauf real gemessene Einzelhindernisse wie Schlaglöcher oder Asphaltflicken aufgebracht werden. Manche Hindernisse, wie z. B. Dehnfugen einer Brücke, sind nur wenige Millimeter hoch und haben trotzdem einen wahrnehmbaren Einfluss auf das Fahrverhalten. Während diese Hindernisse in der Fahrbahnoberfläche dreidimensional modelliert werden müssen, genügt für die grafische Darstellung eine Textur auf einer ansonsten glatten Polygon-Struktur. Abbildung 3.11 zeigt dazu eine Straße mit markanten Sinuswellen, die in der Grafik nur durch Helligkeitsunterschiede in der Asphalt-Textur dargestellt wird. Damit ergibt sich auch die Möglichkeit in der Grafiksimulation das gleiche Polygon-Modell mit unterschiedlichen Texturen für die Darstellung unterschiedlicher Szenarien zu verwenden und dadurch den grafischen Modellierungsaufwand zu reduzieren.

Abbildung 3.11:   Wellige Straße, bei der Bodenwellen nur durch Helligkeitsunterschiede in der Asphalt-Textur dargestellt wer-
den

Unabhängig von den angesprochenen Einzelhindernissen gibt es in der
Realität keine glatten Straßen. Eine Straßenoberfläche ist vielmehr durch ein
breitbandiges Spektrum an Fahrbahnunebenheiten gekennzeichnet. Abhängig
von der Fahrgeschwindigkeit treten fahrbahninduzierte Schwingungen im
Fahrzeug auf, die zum wahrgenommenen Geschwindigkeitseindruck beitra-
gen. Dieser Wahrnehmungsmechanismus kann im Fahrsimulator genutzt
werden, um durch die Darstellung von stochastischen Fahrbahnunebenheiten den Geschwindigkeitseindruck zu verbessern.

Bei der Modellierung von Fahrbahnoberflächen kann dazu aus dem gemessenen Höhenprofil einer realen Strecke der hochfrequente Teil an Fahrbahnunebenheiten extrahiert werden. Anschließend kann dieses Signal dem Fahrbahnverlauf einer fiktiven Strecke überlagert werden.

Eine andere Möglichkeit besteht in der synthetischen Erzeugung eines stochastischen Unebenheitsprofils. Die spektrale Leistungsdichte $\Phi_d(\Omega)$ der
Fahrbahnunebenheiten einer gemessenen Strecke kann nach ISO-8608 [51]
über der Frequenz Ω durch eine doppeltlogarithmisch aufgetragene Gerade
angenähert werden.

$$\Phi_d(\Omega) = \Phi_d(\Omega_0) \cdot \left(\frac{\Omega}{\Omega_0}\right)^{-w}$$ Gl. 3.3

Das Unebenheitsmaß $\Phi_d(\Omega_0)$ gibt die Leistungsdichte bei einer Bezugsfrequenz Ω_0 an. Der dimensionslose Exponent w gibt die negative Steigung der Kurve an, wird auch als Welligkeit bezeichnet und bestimmt das Verhältnis der Unebenheiten bei kleinen und großen Unebenheitsfrequenzen. Damit kann das Amplitudenspektrum einer Straßenoberfläche im Frequenzbereich mit nur zwei Kennzahlen beschrieben werden. Während die Welligkeit für verschiedene Straßen stets $w\sim2$ beträgt, variiert das Unebenheitsmaß $\Phi_d(\Omega_0)$ zwischen einer schlechten Landstraße und sehr gutem Asphaltbeton um bis zu 2 Größenordnungen [57].

Aus der Beschreibung einer Fahrbahn im Frequenzbereich soll nun ein Straßenprofil mit stochastischen Fahrbahnunebenheiten im Zeitbereich erzeugt werden. Dazu wird für jede diskrete betrachtete Frequenz Ω des Amplitudenspektrums aus Gl. 3.3 zunächst ein zufälliger Phasenwinkel $\varphi(\Omega)$ bestimmt.

$$\Phi_d(\Omega) = |\Phi_d(\Omega)| \cdot e^{j\varphi(\Omega)} \quad , mit \; 0 < \varphi(\Omega) < 2\pi$$ Gl. 3.4

Anschließend kann durch eine diskrete inverse Fouriertransformation ein Unebenheitsprofil erzeugt werden, das wiederum dem globalen Fahrbahnverlauf überlagert werden kann. Für sehr kleine Frequenzen Ω können dabei sehr große Amplituden auftreten, die über das Maß von gewöhnlichen Fahrbahnunebenheiten hinausgehen. Daher ist es sinnvoll, eine untere Grenze für die betrachteten Frequenzen festzulegen, so dass die Höhe der errechneten Fahrbahnunebenheiten auf wenige Millimeter begrenzt wird.

3.4 Virtuelles Fahrzeug

Mit dem Fahrzeugmodell wird im Simulator das Fahrverhalten des realen Fahrzeugs abgebildet. Für viele Anwendungen – z. B. aus der Ergonomie – genügen einfache, generische Modelle, um das Fahrverhalten hinreichend abzubilden. In der Anwendung Querdynamikbewertung hingegen sind die fahr-dynamischen Eigenschaften des virtuellen Fahrzeugs der eigentliche Unter-suchungsgegenstand. Diese Eigenschaften werden in der klassischen Fahrdy-namiksimulation je nach Anwendung durch unterschiedlich komplexe Mo-dellansätze abgebildet. Für konzeptionelle Fragestellungen können mit einem erweiterten Einspurmodell bereits gute Ergebnisse erzielt werden. Einspur-modelle können schnell und mit nur wenigen Parametern bedatet werden. Für weitergehende Detailuntersuchungen werden anschließend zweispurige Mehrmassenmodelle verwendet, bei denen die (elasto-) kinematischen Ei-genschaften des Fahrwerks meist über Kennlinien abgebildet werden. Die komplexesten Modelle schließlich sind Mehrkörper- oder auch Finite-Ele-mente-Modelle (FE-Modelle), bei denen einzelne Bauteile als volumetrische Körper modelliert sind.

Mit zunehmender Komplexität steigt auch die Rechenintensität. Einspurmo-delle sind analytisch lösbar und können damit sehr schnell berechnet werden. Demgegenüber sind die komplexeren Modelle nur numerisch iterativ lösbar und teilweise nicht echtzeitfähig, d. h. die Simulation eines Manövers dauert länger als das eigentliche Manöver im Fahrversuch dauern würde.

Im Fahrsimulator können prinzipiell die gleichen Modelle verwendet werden wie in der klassischen Fahrdynamiksimulation. Für die Nutzung im Fahrsi-mulator müssen dabei einige Randbedingungen berücksichtigt werden.

Während bei der Simulation am Schreibtisch die Rechenzeit eine untergeord-nete Rolle spielt, ist im Fahrsimulator die Berechnung in Echtzeit zwingende Voraussetzung. Nur wenn die Simulationszeit gleich schnell verstreicht wie die Zeit in der Realität, kann der Fahrer als Regler in den geschlossenen Re-gelkreis integriert werden. Damit sind einige der oben angesprochenen Mo-delle (z. B. FE-Modelle) nicht zur Nutzung im Fahrsimulator geeignet. Zur Echtzeitsimulation werden einerseits kommerzielle Systemlösungen [21], [12] aus spezieller Echtzeit-Hardware mit zugehöriger Betriebssoftware an-geboten. Daneben gibt es auch spezielle Software [73], die eine Echtzeitsi-mulation auf handelsüblichen PCs ermöglicht.

In der klassischen Fahrdynamiksimulation werden in der Fahrwerkentwick-lung meistens wenige standardisierte Manöver simuliert. Da diese Manöver bei definierten Geschwindigkeiten gefahren werden, wird dazu der Antriebs-strang des Fahrzeugs oft nicht vollständig modelliert. Es werden stattdessen direkt die zur Überwindung der Fahrwiderstände notwendigen Drehmomente an den angetriebenen Rädern vorgegeben. Im Fahrsimulator soll beispielsweise auch freies Fahren auf einer Rennstrecke ermöglicht werden. Dazu müssen die Modelle aus der Fahrdynamiksimulation gegebenenfalls um ein echtzeitfähiges Modell des Antriebsstrangs erweitert werden. Eine zusätzliche Herausforderung stellt das Fahren bei sehr niedrigen Geschwindigkeiten bis hin zum Stillstand dar. Da bei vielen echtzeitfähigen Reifenmodellen die Reifenkräfte schlupfbasiert berechnet werden, führt dies im Stillstand, wenn kein Schlupf auftritt, zu instabilen Zuständen. Daher muss bei sehr niedrigen Fahrgeschwindigkeiten zur Reifenkraftberechnung ein Ersatzmodell verwendet werden, wie es z. B. von Heimann [41] beschrieben wird.

Für die Anwendung in der Querdynamikbewertung ist die Qualität des fahrdynamischen Modells von großer Bedeutung. Aus diesem Grund wird das dynamische Verhalten des virtuellen Modells in dieser Arbeit mit dem dynamischen Verhalten des realen Pendants durch Messungen verglichen und nach einem standardisierten Prozess der AUDI AG validiert. Dieser Prozess umfasst unter anderem den Vergleich verschiedener fahrdynamischer Manöver und daraus resultierender Kennwerte, wie sie in den zugehörigen Normen definiert sind [50], [48], [20].

4 Motion-Cueing-Algorithmen zur Querdynamikbewertung

In einem Simulator können die auf den Fahrer wirkenden Kräfte und Beschleunigungen durch die Bewegungsplattform nicht vollständig dargestellt werden. Deshalb werden durch Motion-Cueing-Algorithmen aus den Fahrzeugbeschleunigungen Stellgrößen ermittelt, die im limitierten Arbeitsraum der Bewegungsplattform abgebildet werden können. Im Rahmen dieser Arbeit wurden zwei Motion-Cueing-Algorithmen für den Anwendungsfall Querdynamikbewertung entwickelt, die in den Kapiteln 4.2 und 4.3 vorgestellt werden. Neben der jeweiligen Anwendung ist der Arbeitsraum der Bewegungsplattform eine maßgebliche Randbedingung bei der Entwicklung von Motion-Cueing-Algorithmen.

Der Arbeitsraum einer Bewegungsplattform wird dabei für jeden Freiheitsgrad für gewöhnlich in Metern oder Winkelgrad angegeben, in Form der maximalen Auslenkung in diesem Freiheitsgrad. Demgegenüber werden in Motion-Cueing-Algorithmen Beschleunigungen betrachtet, da der Mensch vestibulär Beschleunigungen wahrnimmt. Weiterhin sind auch für viele fahrdynamische Betrachtungen die relevanten Größen nicht Positionen, sondern Beschleunigungen. Um nun diese Größen unterschiedlicher Einheiten miteinander visualisieren zu können, wird in dieser Arbeit erstmals das Konzept des dynamischen Arbeitsraumes entwickelt.

4.1 Dynamischer Arbeitsraum des verwendeten Simulators

Mit dem dynamischen Arbeitsraum werden die Arbeitsraumgrenzen einer Bewegungsplattform zusammen mit den Anforderungen einer Fahrsimulatoranwendung in einem Diagramm visualisiert. Voraussetzung für die Ermittlung des dynamischen Arbeitsraumes ist die Kenntnis des Beschleunigungsspektrums der Anwendung im Frequenzbereich.

In Abbildung 4.1 ist der dynamische translatorische Arbeitsraum des verwendeten Hexapods für den einzelnen Freiheitsgrad der Querbewegung aufge-

© Springer Fachmedien Wiesbaden GmbH, ein Teil von Springer Nature 2018
W. Brems, *Querdynamische Eigenschaftsbewertung in einem Fahrsimulator*, Wissenschaftliche Reihe Fahrzeugtechnik Universität Stuttgart, https://doi.org/10.1007/978-3-658-22787-6_4

tragen. Dazu werden Beschleunigungsamplituden doppelt logarithmisch über der Frequenz aufgetragen. Mit dem verwendeten Hexapod können alle Querbewegungen dargestellt werden, deren Kombination aus Frequenz und Amplitude der Beschleunigung innerhalb der schraffierten Fläche liegt, die mit „Hexapod translatorisch" bezeichnet ist. So können z. B. bei 1 Hz nur Sinusbewegungen mit Beschleunigungsamplituden kleiner ~4 m/s² dargestellt werden.

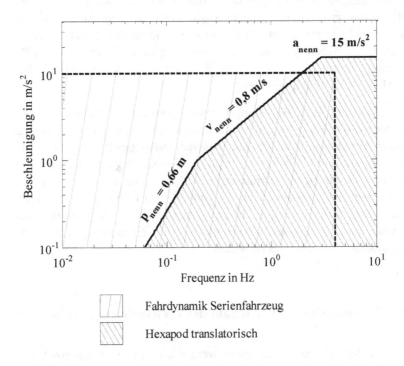

Fahrdynamik Serienfahrzeug

Hexapod translatorisch

Abbildung 4.1: Dynamischer Arbeitsraum des Hexapods im Vergleich zu den mit einem Serienfahrzeug erreichbaren Querbeschleunigungen

Im Folgenden werden die einzelnen Begrenzungslinien der schraffierten Fläche erläutert. Die mit dem Hexapod darstellbaren Querbeschleunigungen sind frequenzunabhängig durch die Nennbeschleunigung in Höhe von a_{nenn}=15 m/s² begrenzt (vgl. Tabelle 2.1). Dies wird durch die horizontale Begrenzungslinie dargestellt.

Bei mittleren Frequenzen (ca. 0,2 Hz – 3 Hz) wird die maximal darstellbare Beschleunigung bereits bei niedrigeren Amplituden durch die maximale Verfahrgeschwindigkeit v_{nenn} des Hexapods begrenzt.

Für eine eindimensionale Bewegung lässt sich die Geschwindigkeit $v(\omega)$ dazu nach Gl. 4.1 als Zeitintegral des Produkts aus Beschleunigung a und Kreisfrequenz ω ermitteln:

$$v(\omega) = \int a \cdot sin(\omega t)\, dt = -\frac{1}{\omega} \cdot a \cdot cos(\omega t) + \underbrace{v_0}_{=0}$$

$$= -\frac{1}{\omega} \cdot a \cdot cos(\omega t)$$

Gl. 4.1

Durch Umstellen und Einsetzen der Maximalgeschwindigkeit v_{nenn} sowie unter Verwendung von $\omega = 2\pi f$ und $|cos(\omega t)| \leq 1$ lässt sich abhängig von der Frequenz f eine maximale Querbeschleunigung $a_{y,max}$ darstellen von

$$a_{y,max}(f) \leq v_{nenn} \cdot 2\pi \cdot f = 0,8 \cdot 2\pi \cdot f$$

Gl. 4.2

In Abbildung 4.1 wird die mit „v_{nenn} = 0,8 m/s" bezeichnete Kante durch Gl. 4.2 beschrieben (vgl. dazu Tabelle 2.1). Für höhere Frequenzen können in Abhängigkeit der Nenngeschwindigkeit der Plattform somit größere Beschleunigungen dargestellt werden.

Analog dazu ist der Hexapod bei niedrigen Frequenzen (0 Hz – 0,2 Hz) durch die maximalen Verfahrwege p_{nenn} limitiert. Da die Position durch zweifache Integration über der Zeit aus der Beschleunigung entsteht, tritt die Frequenzabhängigkeit in Gl. 4.3 im Quadrat auf.

$$a_{y,max}(f) \leq p_{nenn} \cdot (2\pi \cdot f)^2$$

Gl. 4.3

Auch für die Beschleunigungslimitierung aufgrund der maximalen Verfahrwege gilt: Bei höheren Frequenzen können größere Beschleunigungen dargestellt werden. Gl. 4.3 beschreibt in Abbildung 4.1 die mit „p_{nenn}=0,66 m" gekennzeichnete Kurve. Der Wert für p_{nenn} steht in Tabelle 2.1.

Werden die bisherigen Limitierungen zusammengefasst, können die mit dem Hexapod translatorisch darstellbaren Querbeschleunigungen $a_{y,hex}$ in Abhängigkeit von der Frequenz beschrieben werden durch

$$a_{y,hex}(f) \leq \min\{ p_{nenn} \cdot (2\pi \cdot f)^2, v_{nenn} \cdot 2\pi \cdot f, a_{nenn} \} \qquad \text{Gl. 4.4}$$

In Abbildung 4.1 sind weiterhin die mit einem Serienfahrzeug darstellbaren Querbeschleunigungen als Anforderungsprofil über der Frequenz eingetragen. Dabei wurde für die Frequenz ein für fahrdynamische Betrachtungen ausreichendes Maximum von 4 Hz zu Grunde gelegt [1], [57]. Für die Beschleunigungsamplitude wurde für das gesamte Frequenzband eine Obergrenze von 1 g $\approx$ 10 m/s^2 angenommen, wenngleich dieser Wert bei höheren Frequenzen (>1,5 Hz) zu hoch ist. Professionelle Testfahrer nutzen – anders als Normalfahrer – das komplette Spektrum der Möglichkeiten eines Fahrzeugs aus und erreichen somit alle Punkte innerhalb des umrandeten Rechtecks, die mit dem jeweiligen Fahrzeug dargestellt werden können.

Ein Vergleich der beiden schraffierten Flächen zeigt schnell, dass durch den Hexapod nicht alle querdynamischen Fahrzeugbewegungen unskaliert bzw. ungefiltert dargestellt werden können. Dabei fällt auf, dass insbesondere viele charakteristische fahrdynamische Manöver nicht dargestellt werden können. So ist z. B. eine stationäre Kreisfahrt in der Grafik links oben verortet. Ein schneller Spurwechsel bei ca. 0,5 Hz Lenkfrequenz in Verbindung mit hohen Querbeschleunigungswerten (10 m/s^2) findet sich oben mittig.

Mithilfe von Abbildung 4.1 kann auch gezeigt werden, dass ein größerer Arbeitsraum mit mehreren Metern translatorischem Verfahrweg nur zu einer teilweisen Verbesserung dieses Problems beiträgt. So könnten z. B. für den verwendeten Hexapod alle Aktoren verlängert und dadurch der Arbeitsraum vergrößert werden. Dies hat jedoch zunächst nur eine Parallelverschiebung der mit „p_{nenn}=0,66 m" gekennzeichneten Linie hin zu niedrigeren Frequenzen und höheren Amplituden zur Folge. Der scheinbare Gewinn an unskaliert darstellbaren Manövern wird jedoch fast vollständig dadurch aufgehoben, dass dann bereits bei niedrigeren Frequenzen eine Geschwindigkeitslimitierung auftritt. Um eine deutliche Verbesserung zu erzielen, müsste zusätzlich die maximale Verfahrgeschwindigkeit in gleichem Maße erhöht werden.

Mithilfe von geeigneten Motion-Cueing-Algorithmen in Verbindung mit Tilt-Bewegungen lässt sich der Arbeitsraum eines Hexapods zur Darstellung von translatorischen Fahrzeugbeschleunigungen durch Verkippen des Hexapods erweitern. Der Mehrwert von Tilt-Bewegungen wird im Folgenden für die Querbeschleunigung erläutert, wobei die Ausführungen analog für Längsbeschleunigungen gelten.

Neben dem bekannten translatorischen Arbeitsraum lässt sich auch die über Tilt-Bewegung darstellbare Querbeschleunigung über der Frequenz berechnen. Bei einer Verkippung um den Winkel φ um die Längsachse wird die Erdbeschleunigung g im körperfesten Koordinatensystem anteilig als Querbeschleunigung a_y wahrgenommen. Dieser Sachverhalt ist in Abbildung 4.2 dargestellt.

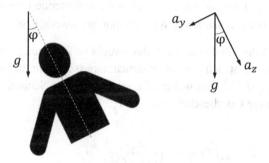

Abbildung 4.2:   Anteilig als Querbeschleunigung a_y und Normalbeschleunigung a_z wahrgenommene Erdbeschleunigung g in einer um den Winkel φ verkippten Position

Die wahrgenommene Querbeschleunigung lässt sich in Abhängigkeit des Tilt-Winkels φ beschreiben über:

$$a_y = sin(\varphi) \cdot g$$
Gl. 4.5

Wird der Winkel φ durch das Integral über eine frequenzabhängige Winkelgeschwindigkeit $\dot{\varphi}(f) = sin\,(2\pi \cdot f \cdot t)\dot{\varphi}$ ersetzt, ergibt sich eine frequenzabhängige Beschleunigung $a_y(f)$:

$$a_y(f) = sin\left(\int sin(2\pi \cdot f \cdot t) \cdot \dot{\varphi}\, dt\right) \cdot g \qquad \text{Gl. 4.6}$$

Umformen und Einsetzen der menschlichen Wahrnehmungsschwelle für Drehraten $\dot{\varphi}_{sens}$=3 °/s führt zu

$$a_{y,max}(f) \leq sin\left(\frac{\dot{\varphi}_{sens}}{2\pi \cdot f}\right) \cdot g \qquad \text{Gl. 4.7}$$

In Gl. 4.7 werden in Abhängigkeit von der Frequenz f die maximal durch Tilt-Bewegungen, also Drehbewegungen, darstellbaren Querbeschleunigungen $a_{y,max}(f)$ beschrieben, bei denen die auftretende Drehgeschwindigkeit unterhalb der menschlichen Wahrnehmungsschwelle liegt.

Wird in Gl. 4.5 der Winkel φ durch das zweifache Zeitintegral der Beschleunigung ersetzt, ergibt sich mit der Wahrnehmungsschwelle für Drehbeschleunigungen $\ddot{\varphi}_{sens}$=3 °/s² eine weitere frequenzabhängige Schranke für die maximal darstellbare Querbeschleunigung zu

$$a_{y,max}(f) \leq sin\left(\frac{\ddot{\varphi}_{sens}}{(2\pi \cdot f)^2}\right) \cdot g \qquad \text{Gl. 4.8}$$

Weiterhin wird für Tiltwinkel $\varphi > 20° - 30°$ die Verringerung der Normalkraft parallel zur Körperhochachse wahrgenommen, sodass der maximale Tiltwinkel auf φ_{max}=20° limitiert werden sollte [27] (nach [58]). Somit lässt sich die durch Tilt-Bewegungen darstellbare Querbeschleunigung beschreiben durch

$$a_{y,tilt}(f) \leq \min\{ sin\left(\frac{\ddot{\varphi}_{sens}}{(2\pi \cdot f)^2}\right), sin\left(\frac{\dot{\varphi}_{sens}}{2\pi \cdot f}\right), \varphi_{max}\} \cdot g \qquad \text{Gl. 4.9}$$

Die durch Gl. 4.9 beschriebene Kurve ist in Abbildung 4.3 dargestellt. Bei sehr niedrigen Frequenzen ist der maximale Tiltwinkel limitierend, zwischen ~0,03 Hz und ~0,15 Hz ist die Drehrate ausschlaggebend, bei Frequenzen

>0,15 Hz werden darstellbare Querbeschleunigungen durch den Schwellwert der Drehbeschleunigung limitiert. Dabei ist unschwer zu erkennen, dass Gl. 4.9 nur von Faktoren der menschlichen Wahrnehmung abhängt und nicht von der verwendeten Bewegungsplattform[1].

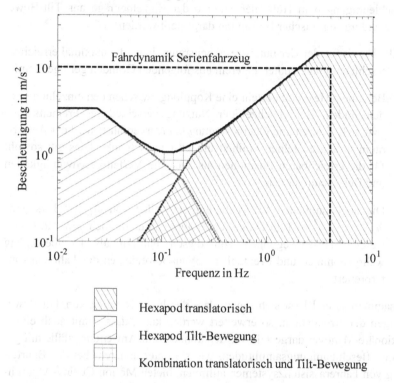

Abbildung 4.3: Arbeitsraum des verwendeten Hexapods zur Darstellung von Querdynamik als Kombination von translatorischer Querbewegung und Tilt-Bewegung

Durch die Kombination aus translatorischer Bewegung und Tilt-Bewegung kann damit theoretisch der gesamte schraffierte Bereich in Abbildung 4.3 mit dem verwendeten Hexapod dargestellt werden. Während bei sehr niedrigen

---

[1] Bei manchen Bewegungsplattformen sind die Drehwinkel bereits bei Werten < 20° begrenzt, sodass technische Randbedingungen limitierend sind.

Frequenzen (<0,06 Hz) nur die Tilt-Bewegung genutzt werden kann, werden höherfrequente Bewegungen (>0,4 Hz) nur über translatorische Hexapodbewegungen abgebildet. Im mittleren Frequenzbereich zwischen 0,06 Hz und 0,4 Hz können durch die Kombination beider Bewegungsarten theoretisch Beschleunigungen in Höhe der Summe der Einzelbeiträge aus Tilt-Bewegung und translatorischer Bewegung dargestellt werden.

In der Praxis werden der nutzbare Arbeitsraum, bzw. die maximal erreichbaren Beschleunigungen unter anderem aus folgenden Gründen geringer sein:

- Bei einem Hexapod besteht eine Kopplung zwischen den einzelnen Freiheitsgraden. Bei gleichzeitiger Nutzung verschiedener Freiheitsgrade (wie z. B. Gieren und Querbewegung bei Kurvenfahrt) wird der Arbeitsraum in den einzelnen Freiheitsgraden eingeschränkt. Dies gilt sowohl für die erreichbaren Positionen als auch die Verfahrgeschwindigkeiten und Beschleunigungen.

- Die angenommenen Wahrnehmungsschwellen von $\dot{\varphi}_{sens} = 3$ °/s bzw. $\ddot{\varphi}_{sens} = 3$ °/s^2 sind für einige feinfühlige Fahrer zu hoch gewählt. Damit werden Tilt-Bewegungen von diesen Fahrern als Drehbewegung wahrgenommen und eventuell als Wankbewegungen des Fahrzeugs interpretiert.

Zusammenfassend lässt sich sagen, dass durch die Nutzung von Tilt-Bewegungen der Arbeitsraum so erweitert werden kann, dass damit auch einige stationäre Manöver dargestellt werden können. Für Anwendungsfälle mit geringen Beschleunigungsamplituden, wie sie unter anderem bei der Beurteilung von Fahrerassistenzsystemen auftreten, bieten Motion-Cueing-Algorithmen mit Tilt-Bewegungen großes Potential. Dennoch ergeben sich daraus kaum positive Effekte bei fahrdynamischen Manövern wie einem schnellen Spurwechsel oder auch einer stationären Kreisfahrt bei hohen Querbeschleunigungen.

Das Ziel des Motion Cueing ist nun, die verbleibende Lücke zwischen den Anforderungen (querdynamisches Potential des Fahrzeugs) und den Arbeitsraumgrenzen zu schließen. In den nächsten Abschnitten werden dazu zwei Strategien vorgestellt und erläutert.

4.2 Querdynamisches Skalierungs-Cueing

Ein erster Motion-Cueing-Algorithmus ist ein querdynamisches Skalierungs-Cueing, bei dem die Größen für die Querbewegung, Gieren und Wanken nicht gefiltert, sondern nur skaliert werden. Dadurch ergibt sich gegenüber herkömmlichen filterbasierten Ansätzen der Vorteil, dass durch das Motion Cueing keine Phasenfehler induziert werden. Damit werden die im virtuellen Fahrzeug auftretenden Kräfte und Beschleunigungen phasenrichtig dargestellt. Abweichungen zu einer Realfahrt ergeben sich lediglich für die Amplitude der betrachteten Bewegungen.

Der größtmögliche theoretische Skalierungsfaktor für freies Fahren, d. h. eine Skalierung, die den Fahrer in seiner Manöver- oder Streckenwahl nicht einschränkt, ergibt sich für den verwendeten Hexapod aus Abbildung 4.3. Es muss für jede Frequenz der Quotient aus der mit dem Hexapod darstellbaren Beschleunigung und der durch die Fahrdynamik geforderten Beschleunigung gebildet werden. Das Minimum daraus ergibt sich bei ~0,1 Hz und liegt bei ca. 0,1. Dieser theoretische Skalierungsfaktor ist deutlich geringer als die in der Literatur diskutierten Skalierungsfaktoren von 0,5 oder höher [27], [34]. In der Praxis müsste der Skalierungsfaktor jedoch weiter reduziert werden, da wie oben erwähnt die Freiheitsgrade eines Hexapods gekoppelt sind und Tilt-Bewegungen für viele professionelle Testfahrer nicht praktikabel sind.

Eine Lösungsmöglichkeit für dieses Problem ist ein fahrspurbasierter Ansatz bei dem die Querbewegung des Hexapods ein skaliertes Abbild der Querbewegung des virtuellen Fahrzeugs auf der Straße ist. Dadurch kann je nach Breite der Fahrbahn ein Skalierungsfaktor >0,1 erzielt werden. Durch die Verwendung einer geraden Straße mit mehreren Spuren, jedoch ohne Kurven, kann weiterhin vollständig auf Tilt-Bewegungen verzichtet werden. Im Folgenden werden für einen fahrspurbasierten Ansatz die mit dem verwendeten Hexapod erreichbaren Skalierungsfaktoren hergeleitet.

4.2.1 Bestimmung des Skalierungsfaktors für die Querbeschleunigung

Von den drei Größen Querbewegung, Gieren und Wanken ist bei der Suche nach dem größtmöglichen Skalierungsfaktor die Querbewegung maßgebend. In einer ersten Überlegung ergibt sich der größtmögliche Skalierungsfaktor für ein Manöver mit möglichst geringer Querausdehnung. Als Beispiel wird im Folgenden ein doppelter ISO-Fahrspurwechsel [49] verwendet[2]. Die benötigte unskalierte Querbewegung lässt sich für ein Manöver berechnen, indem von der Fahrbahnbreite, bzw. Manöverbreite die Fahrzeugbreite abgezogen wird, wie aus Abbildung 4.4 ersichtlich wird.

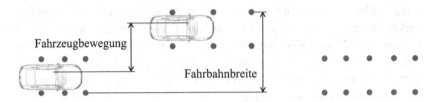

Abbildung 4.4:   Fahrzeugbewegung im Vergleich zur Manöverbreite bzw. Fahrbahnbreite für einen doppelten ISO-Spurwechsel

Für den verwendeten Hexapod mit Querverfahrweg von 1,32 m und einen ISO-Fahrspurwechsel mit ca. 6,5 m Manöverbreite (abhängig vom Fahrzeug), ergibt sich bei einer Fahrzeugbreite von 2 m nach dieser Überlegung ein Skalierungsfaktor von

$$\frac{1,32m}{(6,5m - 2m)} \approx 0,3 \qquad \text{Gl. 4.10}$$

Mit einem Skalierungsfaktor von 0,3 ist also sichergestellt, dass der nominale Arbeitsraum des Hexapods ausreicht, um einen ISO-Spurwechsel darzustellen. Diese Überlegung lässt jedoch die Geschwindigkeits- und Beschleunigungslimitierung des Hexapods unberücksichtigt. Eine genauere Betrachtung des dynamischen Arbeitsraums in Abbildung 4.5 zeigt, dass der größtmögliche Skalierungsfaktor deutlich geringer ist und ca. 0,17 beträgt.

---

[2] Andere Manöver, wie z. B. die Spurhaltung unter Einfluss von Störgrößen wie Seitenwind, haben eine noch geringere Querausdehnung. Der Spurwechsel ist für diese Betrachtungen jedoch besser geeignet, da seine Abmaße und die Durchführung genormt sind.

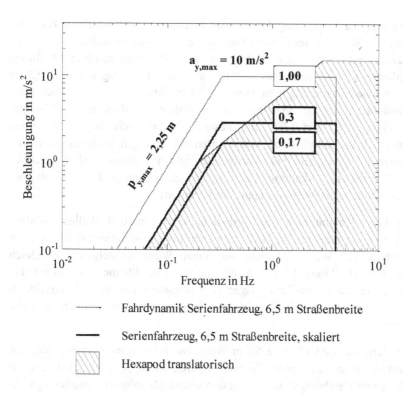

———— Fahrdynamik Serienfahrzeug, 6,5 m Straßenbreite

———— Serienfahrzeug, 6,5 m Straßenbreite, skaliert

Hexapod translatorisch

Abbildung 4.5: Dynamischer Arbeitsraum des Hexapods im Vergleich zum Bewegungsraum eines Serienfahrzeugs auf einer 6,5 m breiten Straße

In Abbildung 4.5 ist wie im vorhergehenden Abschnitt der Arbeitsraum des verwendeten Hexapods dargestellt. Da auf die Tilt-Bewegung verzichtet wird, kann der Hexapod nur Bewegungen darstellen, deren Kombination aus Beschleunigungsamplitude und Kreisfrequenz innerhalb der schraffierten Fläche liegt. Mit einem 2 m breiten Fahrzeug auf einer 6,5 m breiten Fahrbahn können analog dazu nur Manöver gefahren werden, die weniger als $p_{y,max} = \pm 2{,}25$ m Platz in Querrichtung benötigen (z. B. ein ISO-Spurwechsel). In Analogie zu Gl. 4.3 und Gl. 4.4 ergibt sich für das Fahrzeug die gestrichelte Linie. Der diagonale Anteil dieser Linie resultiert aus der Limitierung durch die Fahrbahnbreite und der horizontale Anteil aus der maximalen Querbeschleunigung von $a_{y,max} \approx 1$ g für ein Serienfahrzeug.

Eine explizite Limitierung der Quergeschwindigkeit liegt bei einem Fahrzeug nicht vor. Wird die gestrichelte Linie mit einem Skalierungsfaktor 0,3 multipliziert, ergibt sich die mit der Markierung „0,3" versehene Linie. Für diesen Skalierungsfaktor haben Hexapod und skaliertes Fahrzeug von 0 bis 0,2 Hz die gleiche Limitierung. Der Hexapod ist in diesem Frequenzbereich positionslimitiert. Es ist aber auch leicht ersichtlich, dass einige Manöver zwischen 0,2 Hz und 0,6 Hz mit dieser Skalierung nicht dargestellt werden können, da sie außerhalb der schraffierten Fläche liegen. In diesen Frequenzbereich fällt z. B. ein ISO-Spurwechsel. Erst mit einem Skalierungsfaktor $\leq 0{,}17$ liegt die skalierte Fahrzeugbewegung komplett innerhalb des translatorischen Bewegungsraums des Hexapods.

Bei dieser Kombination aus Fahrbahnbreite (6,5 m) und Skalierungsfaktor (0,17) ist der Hexapod in keiner Situation positionslimitiert, d. h. der volle translatorische Weg wird nicht ausgenutzt. Weiterhin zeigt ein Vergleich zwischen Abbildung 4.3 und Abbildung 4.5, dass für die diskutierte Fahrbahnbreite durch Tilt-Bewegungen kein nennenswerter Vorteil entsteht, da Tilt-Bewegungen nur bei niedrigeren Frequenzen wahrnehmbare Vorteile bieten.

Die Berechnungen für eine 6,5 m breite Fahrbahn können analog auch für Fahrbahnen mit drei, vier oder mehr Spuren durchgeführt werden. Mit zunehmender Fahrbahnbreite sinkt entsprechend der mögliche Skalierungsfaktor. Gleichzeitig können mehr Manöver auch mit quasistatischen Anteilen gefahren werden. In Versuchen mit Testfahrern hat sich für den vorliegenden Simulator eine dreispurige Autobahn (Fahrbahnbreite insgesamt 10,5 m) als guter Kompromiss erwiesen.

Der dynamische Arbeitsraum für eine dreispurige Autobahn ist in Abbildung 4.6 dargestellt. Der maximale theoretische Skalierungsfaktor beträgt ca. 0,12. Mit diesem Setup wird der translatorische Verfahrweg des Hexapods deutlich besser ausgenützt als auf einer 6,5 m breiten Fahrbahn. Dies ist in Abbildung 4.6 daran ersichtlich, dass der diagonale Anteil der mit dem Skalierungsfaktor 0,12 gekennzeichneten Linie näher an der Positionslimitierung des Hexapods liegt als der diagonale Anteil der mit dem Skalierungsfaktor 0,17 gekennzeichnete Linie in Abbildung 4.5. Da bei einem Hexapod die unterschiedlichen Freiheitsgrade miteinander gekoppelt sind, wird für die Anwendung in der Praxis der Skalierungsfaktor etwas geringer als der theoretisch mögliche Wert zu 0,1 festgelegt.

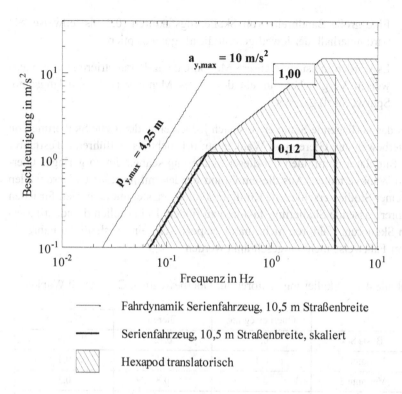

- ⎯⎯⎯ Fahrdynamik Serienfahrzeug, 10,5 m Straßenbreite

- ⎯⎯⎯ Serienfahrzeug, 10,5 m Straßenbreite, skaliert

- ▨ Hexapod translatorisch

Abbildung 4.6: Dynamischer Arbeitsraum des Hexapods und Bewegungsraum eines Serienfahrzeugs auf einer 3-spurigen Autobahn
im Vergleich

4.2.2 Skalierungsfaktoren für Gieren und Wanken

Für das definierte Setup einer geraden, dreispurigen Autobahn werden im
nächsten Schritt die Skalierungsfaktoren für Gieren und Wanken ermittelt.
Aus der Literatur über Untersuchungen zum Thema Skalierungs-faktoren [5],
[26], [37], [30] lassen sich folgende methodische und inhaltliche Tendenzen
ableiten:

■ In den meisten Studien werden alle betrachteten Freiheitsgrade gleich
skaliert.

- Eine große Bandbreite von Skalierungsfaktoren (0,3 bis teilweise >1) wird innerhalb der jeweiligen Studie als gut akzeptiert.

- Es werden meistens mehrere Motion-Cueing-Parametrierungen in paarweisen Vergleichen für ein definiertes Manöver (z. B. ein langsamer Spurwechsel) getestet.

Für das vorliegende Setup erweist sich jedoch eine identische Skalierung von Querbewegung, Gieren und Wanken auf 0,1 nicht als zielführend. Testfahrer im Simulator empfinden bei dieser Skalierung schnell ein zu geringes Gier- und Wankverhalten. Aus diesem Grund werden mit insgesamt 13 Probanden in einer Studie verschiedene Konfigurationen getestet mit dem Ziel, für jeden Fahrer passende Skalierungsfaktoren zu finden. Dabei sollen die identifizierten Skalierungsfaktoren nicht manöverspezifisch sein, weshalb die Fahrer in ihrer Fahrweise nicht eingeschränkt werden.

Tabelle 4.1:   Skalierungsfaktoren für Querbewegung, Gieren und Wanken

	Querbewegung	Gieren	Wanken
Basis Set	0,1	0,25	0,8
Variante 1	0,1	0,1	0,1
Variante 2	0,1	0,3	0,3
Variante 3	0,1	0,6	0,6
Iteration 4-n	0 – 0,1	0 – 1	0 – 1

Zu Beginn der Studie erhält jeder Fahrer die Möglichkeit sich mit einem Basis-Set an Skalierungsfaktoren einzufahren. Die Basis-Skalierungsfaktoren sind dabei 0,1 für die Querbewegung, 0,25 für die Gierbewegung und 0,85 für das Wanken. Diese Faktoren wurden zuvor mit einem Testfahrer mit viel Simulatorerfahrung abgestimmt. Nach der Einfahrzeit werden dem Fahrer für jeweils ca. 5 Minuten drei vorbereitete Varianten präsentiert. Die Skalierungsfaktoren dieser Varianten finden sich in Tabelle 4.1. In Variante 1 sind alle drei Freiheitsgrade gleich skaliert und in den Varianten 2 und 3 sind bei gleich bleibender Querskalierung die Werte für Gieren und Wanken jeweils deutlich gesteigert. Nach diesen vier Iterationen kann der Fahrer in weiteren Iterationen sein eigenes Wunsch-Set definieren im Sinne einer bestmöglichen Identifizierbarkeit gängiger Abstimmgrößen aus der Fahrdynamikbewertung.

Da Testfahrer aus ihrem Berufsalltag das Fahrverhalten und damit auch das Bewegungsverhalten sehr differenziert bewerten und ihre Bewertung auch artikulieren können, wird diese Vorgehensweise anstatt z. B. paarweiser Vergleiche als zielführend erachtet.

In Abbildung 4.7 sind die mit den Fahrern erarbeiteten Skalierungsfaktoren für Gieren und Wanken zusammengefasst. Für die Gierbewegung bewegen sich alle Werte zwischen 0,25 und 0,35, wobei mehr als 60 % einen Skalierungsfaktor 0,3 favorisieren. Für das Wanken ist die Spreizung größer (zwischen 0,1 und 0,85), wobei ca. 75 % der Fahrer einen Skalierungsfaktor zwischen 0,5 und 0,7 bevorzugen. Aus diesen Daten werden für die Anwendung querdynamische Eigenschaftsbeurteilung mit dem verwendeten mittelgroßen Hexapod die Skalierungsfaktoren für Gieren zu 0,3 und für Wanken zu 0,6 festgelegt.

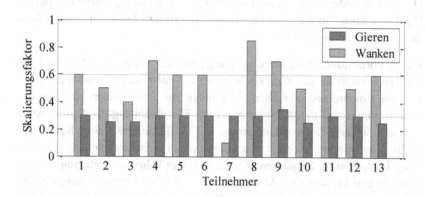

Abbildung 4.7: Skalierungsfaktoren für Gieren und Wanken, die von einzelnen Fahrern als geeignet zur Bewertung des Fahrverhaltens identifiziert wurden.

Neben den Skalierungsfaktoren für Querbewegung, Gieren und Wanken, müssen auch die Freiheitsgrade Nicken, Huben, sowie die Längsbewegungen abgestimmt werden, auch wenn diese nicht im Zentrum der Anwendung stehen. Da die verwendete dreispurige Autobahn keine Steigung und bis auf Fahrbahnunebenheiten keine Höhenunterschiede aufweist, können Nickbewegungen und Huben einfach skaliert werden. Dabei wird für diese Größen ein Skalierungsfaktor von 0,6 verwendet. Die Längsbewegungen werden mit einem nichtlinearen Hochpassfilter nach einem Methode von Reymond und Kemeny berechnet [68].

Durch den Verzicht auf Hochpassfilter für alle Freiheitsgrade außer den Längsbewegungen verursacht das querdynamische Skalierungs-Cueing keine Phasenfehler. In Verbindung mit den in Kapitel 3.2.2 eingeführten Optimierungsschritten werden die Fahrzeugbewegungen phasenrichtig durch die Bewegungsplattform dargestellt. Alle Bewegungen werden dabei frequenzunabhängig als skalierte Cues mit dem gleichen Amplitudenfehler beaufschlagt.

4.3   Streckenbasiertes Vorpositionierungs-Cueing

Das im Folgenden vorgestellte Vorpositionierungs-Cueing wurde erstmals in [8] beschrieben. Im Rahmen dieser Arbeit wird der Ansatz in Kapitel 4.3.6 um einige Funktionen erweitert.

Durch Vorpositionierung der Bewegungsplattform vor einem Manöver kann der Arbeitsraum für genau dieses Manöver erweitert werden. Dabei muss immer ein Kompromiss zwischen einer möglichst umfassenden Nutzung des Arbeitsraumes und der damit verbundenen Einschränkung der Fahrmanöver gefunden werden. Der von Granzow et al. [38] diskutierte Ansatz führt durch Offline-Optimierung zu einer fast vollständigen Arbeitsraumnutzung. Allerdings ist der Fahrer bei diesem Ansatz in seiner Fahrweise sehr stark eingeschränkt und kann nur ein Manöver (z. B. schneller Spurwechsel) in einem eng abgesteckten Zeitfenster fahren. Bei einem weiteren von Fang und Kemeny [24] vorgestellten Konzept ist der Fahrer in der genauen Taktung des Manövers weniger eingeschränkt. Dennoch kann der Fahrer nur spezifische Manöver (Spurwechsel) fahren. Zudem benötigt der dafür verwendete Simulator mehrere Meter translatorischen Arbeitsraum.

Für die vorliegende Arbeit sind die Randbedingungen sowohl der Anwendungsfall (subjektive Querdynamikbeurteilung) als auch die Bewegungsplattform (mittelgroßer Hexapod). Bei der Zusammenarbeit mit den meisten Testfahrern ist eine Einschränkung auf wenige sehr spezifische Manöver nicht praktikabel. Demgegenüber lässt völlig freies Fahren (z. B. auf einer Dynamikfläche) auch mit großen Bewegungsplattformen nahezu keine Vorpositionierung zu, da nicht rechtzeitig bekannt ist, welches Manöver der Fahrer als nächstes fahren wird. Einen möglichen Kompromiss stellt ein vordefinierter Streckenverlauf dar, wie z. B. eine Strecke in einem Prüfgelände. Durch die großen Beschleunigungsamplituden ist jedoch auch hier eine Vorpositionierung für Längs- oder Querbewegungen mit dem mittelgroßen Hexapod nicht zielführend. Stattdessen wird nachfolgend ein streckenbasiertes Vorpositionierungs-Cueing für die Freiheitsgrade Gieren und Huben entwickelt.

Auf einer vorgegebenen Strecke ist die Vertikalposition des Fahrzeugs, also die Höhe des Schwerpunkts im Bezug zu einem globalen Koordinatensystem – abgesehen vom Einfederungszustand des Fahrzeugs – nur von der aktuellen Position des Fahrzeugs auf der Strecke abhängig. Analog dazu kann abhängig von der Position auf der Strecke ein schmaler Korridor für den Gierwinkel definiert werden. Der Gierwinkel bezeichnet den Winkel zwischen der Fahrzeuglängsachse und einem globalen, ortsfesten Koordinatensystem, gemessen um die Hochachse des globalen Koordinatensystems (vgl. Abbildung 4.8).

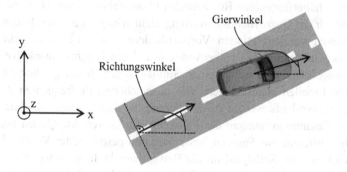

Abbildung 4.8: Gierwinkel eines Fahrzeugs im Vergleich zum Richtungswinkel der Strecke

Der Gierwinkel eines Fahrzeugs ist während der Fahrt nahezu parallel zum Richtungswinkel der Fahrbahn, der auch in Abbildung 4.8 eingezeichnet ist. Der Richtungswinkel bezeichnet die lokale Orientierung der Fahrbahn und wird berechnet als Normale auf die kürzeste Verbindung zwischen linkem und rechtem Fahrbahnrand, wiederum ausgedrückt um die globale Hochachse. Der Gierwinkel variiert im Bezug zum Richtungswinkel nur wenig in Abhängigkeit von der vom Fahrer gewählten Linie in einer Kurve. Die

Korridore für den Gierwinkel und die Vertikalposition sind dabei unabhängig vom Fahrzeug, vom Fahrstil und der gefahrenen Geschwindigkeit. Damit kann für die zu erwartende Vertikalposition des Fahrzeugs und den erwarteten Gierwinkel des Fahrzeugs auf einer bekannten Strecke eine Vorpositionierung definiert werden, die nur von Streckengrößen (Höhenverlauf und Richtungswinkel der Strecke) abhängig ist.

Die Vorpositionierung dient dem Ziel, die Vertikalposition und den Gierwinkel des virtuellen Fahrzeugs in der virtuellen Welt im limitierten Arbeitsraum des Hexapods abbilden zu können. Die Abbildungsfunktion soll die für den Fahrer wahrnehmbare und wichtige Bewegungsinformation aus der Gesamtbewegung extrahieren und mit dem Hexapod darstellen, während die nicht wahrnehmbaren Anteile herausgefiltert werden. Dazu müssen wie bei anderen Motion-Cueing-Algorithmen die vestibulär nicht wahrnehmbaren stationären Anteile der Vertikal- und Gierbewegung von den hochfrequenten Anteilen separiert werden. Bei herkömmlichen Algorithmen wird dieses Problem online mit Hochpassfiltern gelöst. Da diese Hochpassfilter auch für die relevanten höherfrequenten Bewegungen Phasenfehler verursachen, ist diese Methode für die Querdynamikbewertung nicht sehr gut geeignet. In dem neu entwickelten streckenbasierten Vorpositionierungs-Cueing werden die niederfrequenten Anteile des Höhenverlaufs und des Richtungswinkelverlaufs der Strecke offline, also vor einer Simulatorfahrt, herausgefiltert und in Look-Up-Tabellen abgespeichert. Die gespeicherten tieffrequenten Anteile des Streckenverlaufs werden dann während der eigentlichen Simulatorfahrt von den Gesamtbewegungen des Fahrzeugs für Gieren und Huben abgezogen. Die Differenz aus Fahrzeugbewegung und gespeicherter Vorpositionierung wird dann als Sollsignal für die Bewegungsplattform verwendet. Wichtig ist dabei, dass in den Look-Up-Tabellen nicht der vollständige Höhenverlauf und Richtungswinkel einer Strecke gespeichert sind, sondern nur die tieffrequenten Anteile. Es wird weiterhin betont, dass die Aufteilung der aufgrund des Streckenverlaufs erwarteten Gier- und Vertikalbewegung des Fahrzeugs in nieder- und hochfrequente Anteile vor der eigentlichen Fahrt im Simulator durchgeführt wird. Diese Filterung dient lediglich der Definition der Vorpositionierungsfunktion. Während der eigentlichen Simulatorfahrt ist für die Berechnung der Gier- und Vertikalbewegung der Plattform kein zusätzlicher Filter nötig. Die Bewegung der Plattform wird online nicht durch eine Filterung sondern durch eine reine Differenzenbildung berechnet.[3]

Abbildung 4.9 zeigt die grundlegende Struktur des neuen Motion-Cueing-Algorithmus, die online während der Simulatorfahrt gerechnet wird, für den Freiheitsgrad Gieren. Die Struktur für die Hubbewegung ergibt sich analog dazu. In einem ersten Schritt werden aus den globalen (x, y)-Koordinaten des Fahrzeugs die streckenbasierten (u, v)-Koordinaten ermittelt. Mit der Koordinate u wird die Entfernung von einem willkürlich gewählten Startpunkt entlang einer gedachten Mittellinie der Straße bis zur aktuellen Position auf der Strecke bezeichnet. Die Koordinate v steht senkrecht dazu und bezeichnet den Querabstand zur gedachten Mittellinie (vgl. Abbildung 4.11). Für die Basisimplementierung des Algorithmus wird nur die Längskoordinate u benötigt. Abhängig von der Streckenlängskoordinate u kann aus der vorab definierten Look-Up-Tabelle der entsprechende Wert für die Vorpositionierung ausgelesen werden. Wie in Kapitel 2.3 erwähnt, müssen zur Ansteuerung des verwendeten Hexapods neben der Position auch die Geschwindigkeit und Beschleunigung bereitgestellt werden. Daher wird der Vorpositionierungswinkel im nächsten Schritt zweifach numerisch abgeleitet. Im weiteren Verlauf werden zusammengesetzte Signale aus Position (engl. position), Geschwindigkeit (engl. velocity) und Beschleunigung (engl. acceleration) als PVA-Signale bezeichnet. Zuletzt werden durch Differenzbildung aus der Gierbewegung des Fahrzeugs (PVA-Signale) und der Vorpositionierung (PVA-Signal) die Steuersignale für die Plattform berechnet.

In den folgenden Abschnitten werden die einzelnen Komponenten des Algorithmus anhand einer exemplarischen Implementierung näher erläutert. Als Beispielstrecke wird dazu eine Teststrecke aus einem Prüfgelände der AUDI AG verwendet. Bei der Streckenauswahl ist darauf zu achten, dass die Strecke keine Gabelungen oder Kreuzungen hat, sondern aus einem zusammenhängenden Pfad besteht. Abbildung 4.10 zeigt die Rundstrecke im Überblick, die wie eine Acht verläuft. Die Strecke wird im Fahrzeugentwicklungsprozess für die umfassende Fahrdynamikbewertung genutzt. Zur Beurteilung des querdynamischen Verhaltens eines Fahrzeugs eignen sich neben

---

[3] Der in Kapitel 4.3.4 eingeführte Savitzky-Golay-Filter wird für die numerische Ableitung und Glättung der Vorpositionierungsfunktion verwendet. Er dient nicht einer Filterung der Fahrzeugbewegung.

schnellen Wechselkurven auch langgezogene Kurven auf der Strecke. Die Vorteile des neuen Algorithmus werden dazu anhand der markierten Beispielkurve erläutert. Daneben eignet sich die gesamte Strecke auch zur Beurteilung der Vertikaldynamik in Kombination mit der Querdynamik des Fahrzeugs. Beispielhaft eignen sich dazu zwei sehr intensive Bodenwellen, die in Abbildung 4.10 markiert sind und später im Detail erläutert werden.

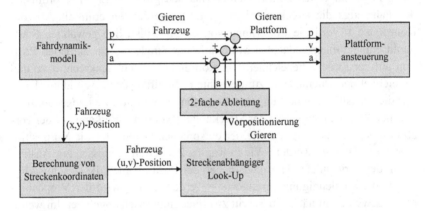

Abbildung 4.9:   Schema des streckenbasierten Vorpositionierungs-Cueings für den Freiheitsgrad Gieren

Wird der Richtungswinkel bei der Startmarkierung zu 0° definiert, steigt die globale Orientierung der Strecke zunächst an und erreicht ungefähr bei der markierten Beispielkurve ein Maximum von ca. 330°. Im weiteren Streckenverlauf sinkt der globale Richtungswinkel und erreicht schließlich an der Startlinie wieder 0°. Die Gesamtamplitude von ca. 330° kann somit nicht ohne Filterung mit dem verwendeten Hexapod dargestellt werden.[4] Für die minimale Höhendifferenz auf der Strecke bildet der Kreuzungspunkt der Acht einen Anhaltspunkt. Dort wird ein Streckenabschnitt mit einer Brücke über den anderen geführt, sodass mindestens ein Höhenunterschied von ~6 m überwunden werden muss. Die daraus resultierende Vertikalbewegung eines Fahrzeugs kann nicht ungefiltert mit dem Hexapod dargestellt werden und

---

[4] Neben eine Filterung ist theoretisch bei dieser Strecke auch eine sehr starke Skalierung möglich. Bei einer Rundstrecke, die nicht wie eine Acht geformt ist, stößt das Konzept der Skalierung jedoch an seine Grenzen, da mit jeder gefahrenen Runde 360° Richtungswinkel hinzukommen.

muss für die Nutzung im Simulator mit einem entsprechenden Motion-Cueing-Algorithmus verrechnet werden.

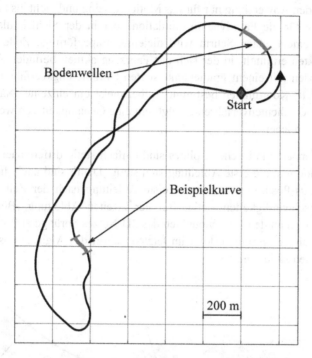

Abbildung 4.10: Draufsicht auf die Teststrecke für die Beispielanwendung des streckenbasierten Vorpositionierungs-Cueings

4.3.1 Berechnung der Streckenkoordinaten aus den globalen Koordinaten

Der neue Algorithmus benötigt in jedem Zeitschritt die Position des virtuellen Fahrzeugs in (u, v)-Koordinaten. Für die Basisimplementierung des Algorithmus wird nur die Längskoordinate u benötigt.

Aus der Fahrdynamiksimulation sind die absoluten (x, y)-Koordinaten des Fahrzeugs bekannt. Um daraus (u, v)-Koordinaten zu berechnen, wird ein einfaches Straßenmodell benutzt, in dem die Straße durch zwei kubische Splines entlang des linken und rechten Fahrbahnrandes definiert ist. Mit diesen Splines wird, wie in Abbildung 4.11 angedeutet ist, ein 2D-Netz aufgespannt, vergleichbar mit einer Bahntrasse. Dieses Straßenmodell wird in der vorliegenden Anwendung nur für das Motion Cueing und nicht als Fahrbahnoberfläche für die Fahrdynamiksimulation oder in der Sichtsimulation genutzt. In einem ersten Schritt wird diejenige trapezförmige Zelle aus vier Stützpunkten ermittelt, in der sich das Fahrzeug aktuell befindet. Anschließend werden mit einem gradientenbasierten Optimierungsverfahren die genauen (u, v)-Koordinaten bestimmt, wobei meist ein einzelner Näherungsschritt im Gradientenverfahren genügt, um eine Genauigkeit von weniger als 1 mm zu erreichen.

Die verwendeten kubischen Splines sind einfach stetig differenzierbar, d. h. die Position und die erste Ableitung sind stetig. Damit sind auch die errechneten (u, v)-Positionen und deren erste Ableitung nach der Zeit, also die (u, v)-Geschwindigkeiten stetig. Bei der zweiten Ableitung (Beschleunigung) können an den Knotenpunkten des 2D-Netzes Sprünge auftreten. Eine Glättung dieser Sprünge erfolgt im letzten Schritt des Algorithmus, bei der numerischen Ableitung.

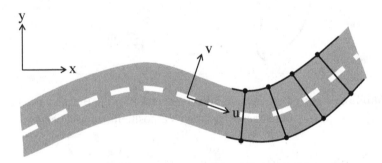

Abbildung 4.11:   Straßenabschnitt mit globalem (x, y)-Koordinatensystem und lokalem (u, v)-Koordinatensystem. Die rechte Bildhälfte zeigt das splinebasierte Straßenmodell.

Die Vorpositionierungsfunktion und damit die Plattformbewegung werden für das streckenbasierte Vorpositionierungs-Cueing direkt aus der Streckenlängskoordinate u des Fahrzeugs auf der Strecke berechnet. Abseits der Fahrbahn ist diese Koordinate nicht immer eindeutig bestimmt und damit kann das Vorpositionierungs-Cueing nicht angewendet werden. Es soll aber auch außerhalb der Fahrbahn (z. B. wenn der Fahrer die Kontrolle über das

Fahrzeug verliert) ein definiertes Bewegungsverhalten der Simulatorplattform sichergestellt werden. Sobald das Fahrzeug die Strecke verlässt, kann die Plattformsteuerung dazu in einen Sicherheitsmodus wechseln. Dieser kritische Zustand kann über die Streckenquerkoordinate v detektiert werden. Sobald das Fahrzeug die Fahrbahn nach links oder rechts verlässt und damit eine vorab zu definierende Streckenquerkoordinate v über- oder unterschreitet, wird die Plattform in den erwähnten Sicherheitsmodus versetzt. In diesem Sicherheitsmodus kann z. B. der normale Motion-Cueing-Algorithmus überbrückt werden und die Plattform gezielt in eine neutrale Mittenposition geführt werden. Gleichzeitig sollte in diesem Fall die Simulatorfahrt abgebrochen werden und neu gestartet werden.

4.3.2 Definition der Look-Up-Tabellen für die Vorpositionierung

Im nächsten Abschnitt wird die Berechnung der streckenabhängigen Look-Up-Tabellen erläutert. Diese Berechnung erfolgt nicht online während der Simulatorfahrt, sondern im Voraus. Es werden für jede Position u der Strecke zugehörige Werte für die Vorpositionierung ermittelt und anschließend in Look-Up-Tabellen gespeichert. Die Vorpositionierungswerte werden dazu aus der Straßendefinition für die Fahrdynamiksimulation abgeleitet, die das OpenCRG-Format verwendet.

In der Basisversion des OpenCRG-Formats wird eine Straße durch eine gekrümmte Mittellinie und ein überlagertes regelmäßiges Raster mit Höhenwerten definiert. Die Mittellinie ist definiert über einen Vektor mit diskreten Krümmungswerten und ein Längsinkrement in Richtung der Streckenkoordinate u. Der Richtungswinkel der Straße in Abhängigkeit von der Streckenkoordinate u kann dann entsprechend einfach als Summe über den Krümmungsverlauf berechnet werden. Die zur Mittellinie gehörigen Einträge des Höhenrasters schließlich repräsentieren für die vorliegende Anwendung den Höhenverlauf der Strecke.

Aus dem Verlauf des Richtungswinkels und dem Höhenverlauf werden anschließend die Vorpositionierungswerte berechnet. Im nächsten Abschnitt wird die Berechnung der Look-Up-Tabelle für den Gierfreiheitsgrad vorgestellt und diskutiert. Die vorgestellte Methode kann analog für den Vertikalfreiheitsgrad verwendet werden.

Wie erwähnt, sollen in der Look-Up-Tabelle die nicht wahrnehmbaren, niederfrequenten Anteile der bei einer Fahrt erwarteten Gierbewegung bzw. des korrespondierenden Richtungswinkels gespeichert werden. Während der Simulatorfahrt werden diese niederfrequenten Anteile des Richtungswinkels mit der eigentlichen Gierbewegung des virtuellen Fahrzeugs verrechnet und ergeben die Hexapodbewegung. Dabei kann die abgespeicherte Vorpositionierungsbewegung auf verschiedene Weise berechnet werden. Im Rahmen dieser Arbeit wurde eine abschnittsweise Linearisierung des Richtungswinkelverlaufs, eine Annährung des Richtungswinkels durch Polynome und die Verwendung von Tiefpassfiltern untersucht. Die Nutzung von Tiefpassfiltern hat dabei zu den besten Ergebnissen hinsichtlich Arbeitsraumnutzung und False-Cue Vermeidung geführt bei gleichzeitig hoher Anwenderfreundlichkeit und wird daher im weiteren Verlauf verwendet.

Der Richtungswinkel der Strecke wird dazu mit einem einfachen Filter H der Form

$$H = \left(\frac{\omega_0}{s + \omega_0}\right)^k \qquad \text{Gl. 4.11}$$

tiefpassgefiltert. In Gl. 4.11 bezeichnet s die Laplacevariable im Frequenzbereich und k die Filterordnung. Wie über die Eckfrequenz ω_0 das Vorpositionierungsverhalten und die Arbeitsraumnutzung eingestellt werden kann, wird Kapitel 4.3.3 erläutert. Da die Filterung offline erfolgt, können durch eine Vorwärts-Rückwärts-Filterung Phasenverschiebungen vermieden werden.

In Abbildung 4.12 ist der Richtungswinkel der Teststrecke und die daraus berechnete Vorpositionierung über der Streckenlängskoordinate u abgebildet. Es ist leicht zu sehen, dass die Vorpositionierung den tieffrequenten Verlauf des Richtungswinkels nachbildet und die hochfrequenten Anteile herausgefiltert sind. Die dritte mit „Hexapod" bezeichnete Linie stellt eine Abschätzung des Arbeitsraumbedarfs für die Bewegungsplattform dar. Wird angenommen, dass der Gierwinkel des Fahrzeugs während einer Fahrt dem Richtungswinkel der Strecke entspricht, kann aus der Differenz von Richtungswinkel und Vorpositionierung eine Abschätzung der Plattformauslenkung berechnet werden. Für die Teststrecke in Verbindung mit der dargestellten Vorpositionierung ergibt sich die Maximalauslenkung zu ~45° bei einer 1:1-Skalierung. Dieser Wert ist mit dem verwendeten Hexapod nicht darstellbar. Es hat sich jedoch gezeigt, dass die Fahrer auch bei diesem Algorithmus ähnlich wie in Kapitel 4.2.2 eine Skalierung von 0,3 als passend empfinden. Bei dieser Skalierung mit der skalierten Maximalauslenkung von ~45° · 0,3 = ~15° ist der Arbeitsraum des Hexapods von ±29° ausreichend.

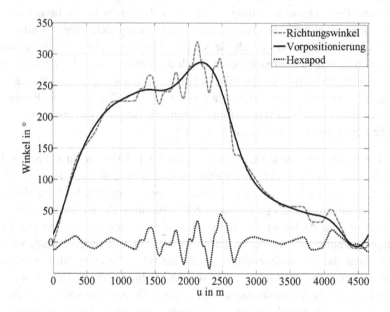

Abbildung 4.12: Aus dem Richtungswinkel berechnete Vorpositionierung und erwartete Arbeitsraumnutzung des Hexapods für den Gierfreiheitsgrad

Durch eine stärkere Filterung mit höherer Eckfrequenz könnte eine stärkere Vorpositionierung und damit eine geringere Maximalauslenkung der Bewegungsplattform oder größere mögliche Skalierungsfaktoren erreicht werden. Jede Vorpositionierungsbewegung ist jedoch zugleich ein fehlendes Cue, bzw. ein Abbildungsfehler, da sie keine originäre Fahrzeugbewegung ist. Im nächsten Absatz wird daher eine Methode vorgestellt, mit der durch die Vorpositionierung entstehende fehlende Cues abgeschätzt werden können.

4.3.3   Offline Tuning und Abschätzung fehlender Cues

Im Offline-Tuning Prozess werden in Abhängigkeit von der jeweiligen Strecke und Bewegungsplattform die Eckfrequenz und die Filterordnung des Filters aus Gl. 4.11 zur Berechnung der Vorpositionierung bestimmt. In der Optimierung der Vorpositionierung gilt es einen Kompromiss zu finden zwischen einer Einhaltung der Arbeitsraumgrenzen und gleichzeitiger Minimierung von fehlenden Cues durch die Vorpositionierung. Die Einhaltung von statischen Arbeitsraumgrenzen kann durch die Abschätzung der maximalen Auslenkung erfolgen, also einer Betrachtung von Positionen, bzw. Winkeln. Hingegen werden bei der Abschätzung von fehlenden Cues nicht die Positionen, sondern Geschwindigkeiten und Beschleunigungen, also die erste und zweite Zeitableitung der Position, betrachtet.

Die Werte der Vorpositionierung in den Look-Up-Tabellen für Gieren und Huben sind nur von der Streckenlängskoordinate abhängig (vgl. Kapitel 4.3.2). Die vom Mensch wahrnehmbaren Bewegungsraten bzw. Beschleunigungen sind zusätzlich proportional zur Änderungsrate der Streckenlängskoordinate. Die Änderung der Streckenlängskoordinate ist aber gerade die Fahrgeschwindigkeit. Anders ausgedrückt: Für ein Fahrzeug, das schneller fährt, muss die Vorpositionierungsbewegung schneller ausgeführt werden. Damit ist es wahrscheinlicher, dass sie vom Fahrer wahrgenommen wird. Deshalb kann die Vorpositionierungsbewegung für ein sehr schnelles Fahrzeug als oberer Schwellwert für das Auftreten von fehlenden Cues gesehen werden. Für den Vergleich zweier Vorpositionierungsfunktionen wird daher angenommen, dass auf der Teststrecke ein Fahrzeug mit einer konstanten Geschwindigkeit von 200 km/h fährt. Bei dieser Geschwindigkeit dauert eine Runde auf der 4,6 km langen Strecke ca. 84 Sekunden.

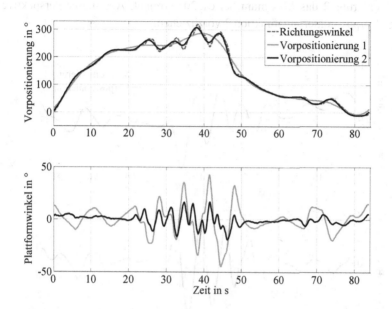

Abbildung 4.13: Vergleich von zwei Vorpositionierungsfunktionen mit dem Richtungswinkel der Strecke und geschätzter Arbeitsraumnutzung

In Abbildung 4.13 sind zwei Vorpositionierungsfunktionen dargestellt. Im oberen Teil der Abbildung sind die Werte für den Richtungswinkel, sowie die beiden Vorpositionierungsfunktionen über der Zeit aufgetragen. Beide Vorpositionierungsfunktionen werden in diesem Beispiel mit einem Filter 3. Ordnung (vgl. Gl. 4.11) erzeugt, wobei für Vorpositionierung 2 eine etwas höhere Eckfrequenz gewählt wird. Dadurch schmiegt sich Vorpositionierung 2 etwas enger an den Streckenverlauf an und ist abschnittsweise fast deckungsgleich mit dem Richtungswinkel der Strecke.

Das untere Diagramm von Abbildung 4.13 zeigt jeweils eine Abschätzung der Plattformauslenkung, die wiederum als Differenz des Richtungswinkels und der Vorpositionierung berechnet wird. Dabei zeigt sich, dass durch die stärkere Vorpositionierung 2 weniger Arbeitsraum benötigt wird. Während die Maximalauslenkung bei Vorpositionierung 1 ca. 45° beträgt, ist mit Vorpositionierung 2 das Maximum bei ca. 20° erreicht. Aus dieser Perspektive wäre Vorpositionierungsfunktion 2 vorzuziehen.

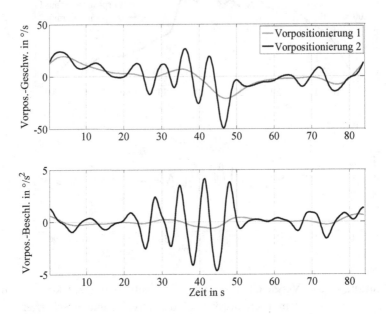

Abbildung 4.14:   Abschätzung von fehlenden Cues für zwei Vorpositionierungsfunktionen

Zur Abschätzung von fehlenden Cues aus der Vorpositionierung sind in Abbildung 4.14 die Winkelgeschwindigkeiten und -beschleunigungen aufgetragen, die nötig sind, um die in Abbildung 4.13 dargestellten Vorpositionierungswinkel zu erreichen. Die Kurven werden dabei für die mit 200 km/h gefahrene Runde als erste und zweite Zeitableitung der Vorpositionierungswinkel berechnet. Im Gegensatz zur Arbeitsraumnutzung ist Vorpositionierungsfunktion 1 bei einer rein qualitativen Betrachtung der fehlenden Cues die bessere Wahl. Durch die Vorpositionierungsfunktion 2 werden mehr fehlende Cues erzeugt, die vom Fahrer als störend wahrgenommen werden können. Eine quantitative Betrachtung zeigt, dass auch bei Vorpositionierungsfunktion 1 die menschlichen Wahrnehmungsschwellen für Drehbewegungen überschritten werden. Durch die hohen Drehraten (z. B. bei 45-50 Sekunden) würde die Vorpositionierungsbewegung, bzw. das Fehlen von Fahrzeugbewegungen vom Fahrer bemerkt. Die abgebildeten Graphen basieren auf einer 1:1-Skalierung der Gierbewegung bzw. Vorpositionierung. In Versuchen mit Testfahrern hat sich demgegenüber ein Skalierungsfaktor von ca. 0,3 bewährt. Weiterhin kann der betreffende Streckenabschnitt in einem Serienfahrzeug nur mit deutlich geringerer Geschwindigkeit gefahren werden. Durch die geringere Fahrgeschwindigkeit werden die Vorpositionierungsbewegungen langsamer ausgeführt und werden vom Fahrer nicht mehr wahrgenommen.

Mit den in den vorhergehenden Abschnitten gezeigten Möglichkeiten zur Abschätzung des Arbeitsraumbedarfs und von fehlenden Cues kann nun für jede Strecke die passende Vorpositionierungsfunktion für Gieren und Huben berechnet werden. Im nächsten Schritt wird die Berechnung der zur Ansteuerung des Hexapods benötigten Signale erläutert.

4.3.4 Berechnung von PVA-Signalen aus der Vorpositionierung

Der Aktuatorregler des verwendeten Hexapods benötigt als Eingangsgrößen Position (P), Geschwindigkeit (V) und Beschleunigung (A) für jeden Freiheitsgrad. In der Differenzialgleichung des Fahrzeugmodells sind PVA-Signale für alle sechs Freiheitsgrade verfügbar und werden z. B. direkt für das Skalierungs-Cueing aus Kapitel 4.2 verwendet. Die offline berechnete streckenabhängige Vorpositionierungsfunktion kann jedoch nur ein Positionssignal in den Look-Up-Tabellen bereitstellen. Daher wird im nächsten Schritt aus der Vorpositionierung durch zweifache Zeitableitung online während der Simulation, ein PVA-Signal berechnet.

Da die Streckenkoordinate einfach stetig differenzierbar ist, sind auch die Vorpositionierungswerte nur einfach stetig differenzierbar. Damit treten in der zweiten Ableitung der Vorpositionierung an den Knotenpunkten des zugrunde liegenden Strecken-Splines Sprünge auf. Um diese Sprünge zu glätten und für eine bessere numerische Robustheit wird eine onlinefähige Version eines Savitzky-Golay-Filters [62] implementiert. Neben einer Glättung durch eine gewichtete, gleitende Mittelwertbildung können mit einem Savitzky-Golay-Filter auch Zeitableitungen des ursprünglichen Signals berechnet werden. Gl. 4.12 beschreibt die allgemeine Formulierung eines Savitzky-Golay-Filters Y_j mit Eingangsdaten X_j der Länge l, Fensterbreite m, und den Filterkoeffizienten c_i.

$$Y_j = \sum_{i=-\frac{m-1}{2}}^{\frac{m-1}{2}} X_{j+i} \cdot c_i \quad , \text{mit } \frac{m+1}{2} \le j \le l - \frac{m-1}{2} \qquad \text{Gl. 4.12}$$

Diese allgemeine Form des Filters ist jedoch nicht online nutzbar, da zum Zeitpunkt j die Eingangsdaten X_{j+i} mit $i > 0$ nicht zur Verfügung stehen. Daher werden für die vorliegende Anwendung $\frac{m-1}{2}$ Zeitschritte Verzögerung eingeführt, sodass mit den Gleichungen Gl. 4.13 bis Gl. 4.15 die geglättete Position p_j, Geschwindigkeit v_j, und Beschleunigung a_j berechnet werden können.

$$p_j = \frac{1}{n_p} \cdot \sum_{i=1-m}^{0} p_{j+i} \cdot c_{p,i} \quad , \quad m \le j \le l \qquad \text{Gl. 4.13}$$

$$v_j = p_j' = \frac{1}{n_v \cdot t} \cdot \sum_{i=1-m}^{0} p_{j+i} \cdot c_{v,i} \quad , \quad m \le j \le l \qquad \text{Gl. 4.14}$$

$$a_j = p_j'' = \frac{1}{n_a \cdot t^2} \cdot \sum_{i=1-m}^{0} p_{j+i} \cdot c_{a,i} \quad , \quad m \le j \le l \qquad \text{Gl. 4.15}$$

Die zugehörigen Filterkoeffizienten für ein $m = 9$ Punkte breites Glättungsfenster und ein kubisches/quadratisches Polynom, sowie die Normalisierungsfaktoren $n_{p/v/a}$ sind in Tabelle 4.2 aufgelistet. Weiterhin muss bei der Berechnung der Ableitungen in Gl. 4.14 und Gl. 4.15 wie bei allen diskreten Ableitungen noch die Integrationsschrittweite t berücksichtigt werden.

Tabelle 4.2: Filterkoeffizienten und Normalisierungsfaktoren für den verwendeten Savitzky-Golay-Filter inklusive 1. und 2. Ableitung

i	-8	-7	-6	-5	-4	-3	-2	-1	0	$n_{p/v/a}$
$c_{p,i}$	-21	14	39	54	59	54	39	14	-21	231
$c_{v,i}$	-4	-3	-2	-1	0	1	2	3	4	60
$c_{a,i}$	28	7	-8	-17	-20	-17	-8	7	28	462

Da der Filter in den ersten m-1 Rechenschritten einer Simulation mangels Eingangsdaten nicht genutzt werden kann, wird er zu Beginn der Simulation überbrückt und erst nach kurzer Zeit zugeschaltet. Durch die Filterung wird für die Vorpositionierung eine Latenz von m/2 Integrationsschritten induziert. Diese Latenz wird vom Fahrer nicht wahrgenommen, da die gesamte Vorpositionierungsbewegung unterhalb der Wahrnehmungsschwelle erfolgt.

4.3.5 Vergleich des Vorpositionierungs-Cueings mit einem Classical-Washout-Algorithmus

Durch einen qualitativen Vergleich mit einem modifizierten Classical-Washout-Algorithmus soll in den nächsten Absätzen das Potenzial des neuen Algorithmus erläutert werden. Um für beide Algorithmen die gleichen Eingangssignale verwenden zu können, wird zunächst von einem Testfahrer im Simulator eine Runde auf der auf Seite 71 beschriebenen Teststrecke gefahren und es werden dabei alle Bewegungssignale des Fahrzeugmodells aufgezeichnet. Anschließend werden offline mit den zwei Motion-Cueing-Algorithmen aus den gleichen Fahrzeugdaten Stellsignale für die Bewegungsplattform berechnet. Die Offline-Berechnung ist dabei nur der Vergleichbarkeit geschuldet und nicht eventuellen Echtzeitproblemen. Beide Algorithmen sind wenig rechenintensiv und können auf einem normalen PC mit Taktraten >1000 Hz betrieben werden.

Parametrierung beider Algorithmen

Neben einigen Randbedingungen, wie statischer und dynamischer Arbeitsraumgrenzen, spielen bei der Parametrierung von Motion-Cueing-Algorithmen die persönlichen Vorlieben und Erfahrungen von Fahrer und Simulatoringenieur eine große Rolle. Versuche, objektive Qualitätskriterien für Motion-Cueing-Algorithmen zu definieren (z. B. [28]) stellen bisher keine Alternative zum subjektiven Tuning von Algorithmen dar. Somit ist im Umkehrschluss ein objektiver quantitativer Vergleich von Motion-Cueing-Algorithmen nicht vollständig möglich. Der Vergleich des neuen strecken-basierten Vorpositionierungs-Cueings mit dem Classical-Washout-Algorithmus soll deshalb vor allem die grundlegenden Vorteile des neuen Algorithmus aufzeigen.

Für den neu entwickelten Algorithmus muss neben der Vorpositionierungs-funktion je Strecke ein Skalierungsfaktor für das Huben und Gieren festge-legt werden. Für das Gieren hat sich ein Faktor von 0,3 als zielführend erwie-sen. Alle Vertikalbewegungen werden für die gegebene Strecke mit einem Faktor 0,5 skaliert.

Der Classical-Washout-Algorithmus, der hier zum Vergleich herangezogen wird, ist der Standardalgorithmus für alle Cruden Simulatoren. In diesem Al-gorithmus werden zunächst alle Eingangssignale skaliert. Der Algorithmus verwendet dann Hochpassfilter 2. Ordnung für die rotatorischen Signale und Hochpassfilter 1. Ordnung für die translatorischen Signale in Kombination mit einem Optimal-Control Ansatz für die Washout Funktion. In Tabelle 4.3 sind die Skalierungsfaktoren und Filterkoeffizienten für Gieren und Huben des Classical Washout eingetragen.

Tabelle 4.3: Parameter des verwendeten Classical-Washout-Algorithmus für Gieren und Huben

	Skalierungsfaktor	Eckfrequenz	Dämpfung
Gieren	0,65	1,75 rad/s	1
Huben	0,45	3 rad/s	-

Die übrigen Freiheitsgrade sind nicht expliziter Bestandteil des Vergleichs, werden dennoch kurz erläutert. Die Nick- und Wankbewegungen werden wie beim Skalierungs-Cueing für beide Algorithmen nicht gefiltert sondern nur skaliert. Die Längsbewegungen werden mit dem nichtlinearen Filter nach Reymond und Kemeny [68] dargestellt. Für die diskutierte Anwendung mit dynamischen Manövern und hohen Beschleunigungsamplituden kann die Querbeschleunigung nicht ohne starke Filterung durch den mittelgroßen He-xapod abgebildet werden. Daher wird auf die translatorische Querbewegung komplett verzichtet. Es mag zunächst seltsam anmuten, dass bei einer Quer-dynamikbewertung auf die eigentliche Querbeschleunigung verzichtet wird. Aber die Mehrheit der Testfahrer kann mithilfe von Gier- und Wankbewe-gungen die Querdynamik bereits gut bewerten. Die Nachteile aus unvermeid-baren False Cues bei der Anwendung klassischer Filter überwiegen für die meisten Fahrer gegenüber dem Mehrwert der zusätzlichen richtigen Cues aus der translatorischen Querbewegung.

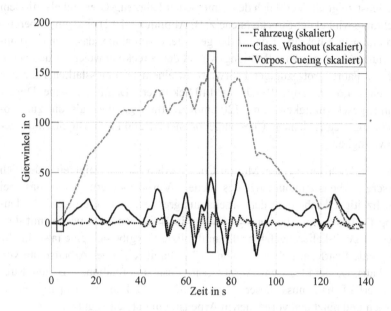

Abbildung 4.15: Vergleich der Gierwinkel von Fahrzeug und Bewegungsplattform mit zwei Motion-Cueing-Algorithmen für eine
Runde auf der verwendeten Teststrecke

Auswertung der Gierbewegung

In Abbildung 4.15 sind neben dem gemessenen Gierwinkel des Fahrzeugs
für die aufgezeichnete Runde auf der Teststrecke die Ansteuersignale für die
Gierwinkel der Plattform für die beiden Motion-Cueing-Algorithmen über
der Zeit dargestellt.für eine bessere Vergleichbarkeit und Lesbarkeit werden
bei den Signalen der Motion-Cueing-Algorithmen bei dieser und allen folgenden Darstellungen die Skalierungsfaktoren der Algorithmen herausgerechnet. Diese Umkehr der Skalierung kann für den Classical-Washout-Algorithmus als Nachteil interpretiert werden, da durch den höheren Skalierungsfaktor im Betrieb die Gierbewegung für den Classical-Washout-Algorithmus stärker gefiltert werden muss, um die Arbeitsraumgrenzen einzuhal-
ten. Wie jedoch erwähnt soll durch diesen Vergleich vor allem das Potenzial
des neuen Algorithmus qualitativ gezeigt werden. Zusätzlich wird der Gierwinkel des simulierten Fahrzeugs zum gleichen Zweck halbiert.

Zunächst zeigt ein Vergleich des gemessenen Fahrzeug-Gierwinkels mit dem Richtungswinkel der Strecke (siehe z. B. Abbildung 4.12) eine gute Übereinstimmung und bekräftigt damit die getroffene Annahme, dass der Gierwinkel nur geringfügig vom Richtungswinkel der Strecke abweicht. Auch benötigt der Fahrer trotz zügiger Fahrweise in einem leistungsstarken Fahrzeug für eine 4,6 km lange Runde ca. 140 Sekunden. Damit ist seine Durchschnittsgeschwindigkeit von ~120 km/h deutlich geringer als die zur Abschätzung der fehlenden Cues angenommenen 200 km/h Durchschnittsgeschwindigkeit.

Ein Vergleich der beiden Motion-Cueing-Algorithmen zeigt eine deutlich bessere Arbeitsraumnutzung des neuen Vorpositionierungs-Cueings bei gleichzeitiger Einhaltung der Arbeitsraumgrenzen. Wird die größte Auslenkung für das Vorpositionierungs-Cueing in Höhe von ~51° wieder mit dem zugehörigen Skalierungsfaktor 0,3 multipliziert, ergibt sich eine tatsächliche maximale Plattformauslenkung von ~17°. Damit reicht der Arbeitsraum von ±29° aus. Da der klassische Ansatz keine Zusatzinformation, z. B. zum Streckenverlauf, hat, muss dieser Ansatz immer sehr konservativ parametriert werden und nutzt den vorhandenen Arbeitsraum nur selten gut aus.

Neben der besseren Arbeitsraumnutzung, ermöglicht der neue Algorithmus auch eine verbesserte Darstellung der spürbaren Gierbeschleunigung. Dazu wird ein kurzer Streckenabschnitt genauer untersucht. Diese Beispielkurve ist in der Streckenübersicht (Abbildung 4.10) und in Abbildung 4.15 mit dem Rechteck bei ca. 70 Sekunden markiert. Der Verlauf der Gierbeschleunigung für das Fahrzeug und die beiden Algorithmen ist in Abbildung 4.16 dargestellt. Der Classical-Washout-Algorithmus zeigt das erwartete Hochpassverhalten. Während der Filter die hochfrequenten Bewegungsanteile sehr gut durchlässt, treten für die aus der eigentlichen Kurvenfahrt resultierende Gierbeschleunigung False Cues auf.

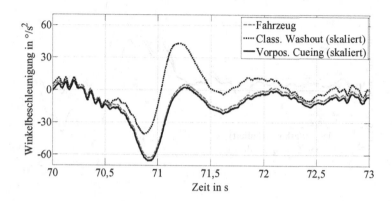

Abbildung 4.16: Vergleich der Gierbeschleunigung des Fahrzeugs und der zwei Motion-Cueing-Algorithmen in einer Beispielkurve auf der Teststrecke

Das Signal des Classical-Washout-Algorithmus ist gegenüber der Gierbeschleunigung des Fahrzeugs bei 71 – 71,5 s phasenführend und mit einem starken Cue in die falsche Richtung. Diese Plattformbewegung kann dazu führen, dass der Fahrer z. B. irrtümlich ein instabiles Fahrverhalten empfindet. Der Classical-Washout erzeugt bei einigen Fahrern auch den Eindruck, dass die Plattformbewegung überhaupt nicht im Bezug steht zu den Fahrzeugzuständen. Demgegenüber ist in der gezeigten Beispielkurve die Gierbeschleunigung des neuen Vorpositionierungs-Cueings fast deckungsgleich mit der Gierbeschleunigung des Fahrzeugs.

Eine weitere Detailansicht vom Beginn der aufgezeichneten Runde (kleines Rechteck in Abbildung 4.15) zeigt Abbildung 4.17. In dieser Ansicht kann zwischen der Gierbeschleunigung des Vorpositionierungs-Cueings und der Gierbeschleunigung des Fahrzeugs besser unterschieden werden. Die hier sichtbare Differenz zwischen den beiden Graphen wird durch die Vorpositionierung verursacht. Im vorhergehenden Beispiel (Abbildung 4.16) ist die Vorpositionierung im Vergleich mit den auftretenden Beschleunigungen aus der Kurvenfahrt sehr gering und daher nicht sichtbar. Da in diesem Streckenabschnitt die Gierbeschleunigung des Fahrzeugs sehr gering ist (<5 °/s^2), tritt die Vorpositionierung stärker hervor. Sie bleibt dennoch deutlich unterhalb der Wahrnehmungsschwelle und ist deshalb nicht spürbar.

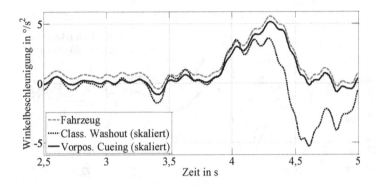

Abbildung 4.17:   Detailvergleich der Gierbeschleunigung

Auswertung der Vertikalbewegung

Analog zur Gierbewegung werden im Folgenden die mit den beiden Motion-Cueing-Algorithmen erlebbaren Vertikalbewegungen ausgewertet. In Abbildung 4.18 ist dazu zunächst die Vertikalposition des Fahrzeugs für die aufgezeichnete Runde und die daraus errechnete Vertikalposition für das neue Vorpositionierungs-Cueing eingezeichnet. Der Classical-Washout-Algorithmus berechnet ähnliche maximale Plattformauslenkungen wie der neue Algorithmus und wurde daher aus Übersichtsgründen nicht in das Diagramm eingezeichnet. Für eine bessere Lesbarkeit wird zusätzlich zur Kompensation des Skalierungsfaktors des Motion-Cueing-Algorithmus die Fahrzeugposition mit einem Faktor 0,2 multipliziert. Die maximale Höhendifferenz der Fahrzeugposition im Diagramm von ~1,4 m im Bereich der Brücke entspricht somit einer Höhendifferenz von ~1,4 m / 0,2 = ~7 m in der zugrundeliegenden Simulation. Für das Vorpositionierungs-Cueing führt die maximale Auslenkung von ~0,4 m bei ca. 120 Sekunden, multipliziert mit dem Skalierungsfaktor 0,5, auf eine tatsächliche maximale Plattformauslenkung von ~0,2 m. Damit reicht der Arbeitsraum von ±0,41 m in vertikaler Richtung aus. Gleichzeitig scheint ein größerer Skalierungsfaktor für die Vertikalbewegungen mit dem verwendeten Hexapod möglich zu sein. Warum dies nicht der Fall ist, wird aus der Detailauswertung in den folgenden Abschnitten deutlich.

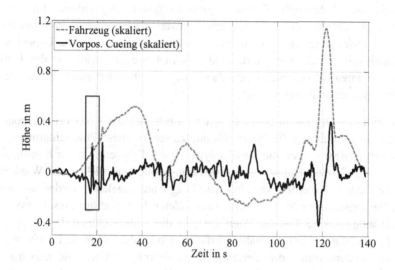

Abbildung 4.18: Vergleich der Vertikalposition des Fahrzeugs und des neuen Vorpositionierungs-Cueings für eine Runde auf der verwendeten Teststrecke

Dazu wird der in Abbildung 4.18 mit einem Rechteck gekennzeichnete Ausschnitt genauer untersucht. Das Rechteck markiert eine von zwei sehr markanten, ca. 40 cm hohen Bodenwellen, die auch in Abbildung 4.10 eingetragen sind. Diese intensiven Wellen beanspruchen das Fahrwerk sehr stark und werden zur Bewertung der Vertikaldynamik, aber auch der Querdynamik verwendet. Da sich die Wellen in einer langgezogenen Kurve befinden, kann mit den Wellen z. B. der Einfluss von Vertikalbewegungen auf das Eigenlenkverhalten des Fahrzeugs beurteilt werden.

Abbildung 4.19 zeigt die Vertikalposition, -geschwindigkeit und -beschleunigung bei der Überfahrt über die Bodenwelle. Für die Auswertung sind in dieser Grafik die Signale des Fahrzeugs 1:1 skaliert. Für die Motion-Cueing-Algorithmen wurde jeweils nur die Filterung bzw. Vorpositionierung vorgenommen, jedoch keine Skalierung. Im obersten Diagramm ist die Vorpositionierung gut zu erkennen. Während der Streckenverlauf (und damit die Fahrzeugbewegung) eine kontinuierliche Aufwärtsbewegung vollzieht, wird diese stationäre Aufwärtsbewegung durch die Vorpositionierung ausgeglichen. Davon unberührt folgt die Plattform mit dem Vorpositionierungs-Cueing präzise der Bodenwelle. Für den Classical-Washout-Algorithmus folgt der zunächst richtigen, etwas schwachen, Aufwärtsbewegung eine zu intensive Abwärtsbewegung, die durch den Hochpassfilter verursacht wird. Diese Unstimmigkeit zwischen Aufwärts- und Abwärtsbewegung wird von den Fahrern als unrealistisch beschrieben, da sie nicht mit ihrer Erfahrung aus der realen Teststrecke übereinstimmt.

Im mittleren Diagramm ist an der Geschwindigkeit des Classical-Washout-Algorithmus deutlich die Phasenführung zu sehen. Diese Phasenführung erschwert es dem Fahrer, die Vertikaldynamik des Fahrzeugs in der Kombination aus gefilterter Hubbewegung, sowie ungefiltertem Nicken und Wanken zu beurteilen. Außerdem kann aus dem Diagramm abgelesen werden, warum Skalierungsfaktoren >0,5 mit dem verwendeten Hexapod auf dieser Strecke nicht möglich sind: Bei der Überfahrt über die Bodenwelle ist der Hexapod nicht etwa durch den maximalen Verfahrweg oder die maximale Beschleunigung, sondern durch die Verfahrgeschwindigkeit limitiert. Die maximale Vertikalgeschwindigkeit von ~1 m/s für das Fahrzeug ist ca. um das doppelte größer als die maximale Hubgeschwindigkeit des Hexapods (0,6 m/s, vgl. Tabelle 2.1) und begrenzt damit den größtmöglichen Skalierungsfaktor auf ~0,5.

Im unteren Diagramm von Abbildung 4.19 sind schließlich die Vertikalbeschleunigungen des Fahrzeugs und der beiden Algorithmen abgebildet. Ähnlich wie bei der Betrachtung der Gierbeschleunigung sind die Signale für das Fahrzeug und das Vorpositionierungs-Cueing beinahe deckungsgleich. Neben den bereits erläuterten Vorteilen bei der Bewertung der Fahrdynamik trägt diese direkte „Anbindung" an die Straße für viele Fahrer zu einem verbesserten Präsenzgefühl bei.

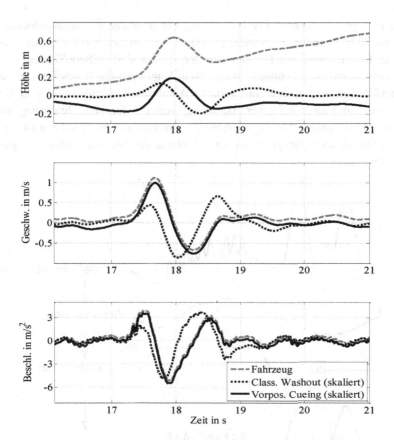

Abbildung 4.19: Vergleich der PVA-Signale von Fahrzeug und zwei Motion-Cueing-Algorithmen für eine Bodenwelle

4.3.6 Erweiterungen des Grundalgorithmus

Im folgenden Abschnitt werden zwei Erweiterungen des Grundalgorithmus vorgestellt, die die Einsatzmöglichkeiten des neuen Algorithmus vergrößern.

Positionsabhängige variable Skalierungsfaktoren

Wie im vorhergehenden Abschnitt beschrieben, wird mit dem verwendeten Hexapod auf der ausgewählten Teststrecke der größtmögliche Skalierungsfaktor für Vertikalbewegungen durch die maximale Verfahrgeschwindigkeit

des Hexapods bestimmt. Die Limitierung tritt über den gesamten Streckenverlauf der diskutierten Teststrecke jedoch nur an den zwei charakteristi-
schen Bodenwellen auf. Für den Rest der Strecke sind größere Skalierungsfaktoren denkbar. So enthält ein ca. 700 m langer Abschnitt der Teststrecke
sinusförmige Bodenwellen mit geringer Amplitude (<5 cm). Diese sind für
die meisten Fahrer bei einer Skalierung von 0,5 für eine Bewertung zu
schwach ausgeprägt. Mit der Kenntnis der Position auf der Strecke in (u, v)-
Koordinaten kann für genau diesen Abschnitt der Skalierungsfaktor angepasst werden.

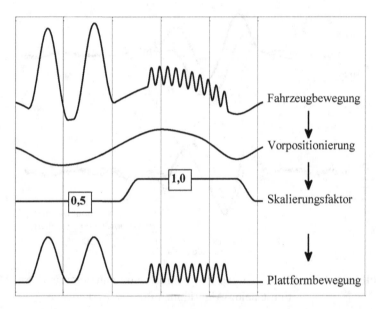

Abbildung 4.20: Schematische Darstellung des um den dynamischen Skalierungsfaktor erweiterten Vorpositionierungs-Cueings
für die Vertikalbewegung auf der diskutierten Teststrecke

In Abbildung 4.20 ist der erweiterte Algorithmus für die Vertikalbewegung
dargestellt. Aus der Fahrzeugbewegung wird zunächst durch die bekannte
Vorpositionierungsfunktion der tieffrequente Anteil herausgerechnet. Diese
geglättete Fahrzeugbewegung wird anschließend nicht mehr mit einem konstanten, sondern einem von der Streckenkoordinate u abhängigen dynamischen Skalierungsfaktor multipliziert und ergibt die Plattformbewegung. Für

die verwendete Teststrecke werden die markanten Bodenwellen mit einem Skalierungsfaktor 0,5 beaufschlagt. Anschließend steigt der Skalierungsfaktor für die Darstellung der leichten Sinuswellen auf beispielsweise 1,0 an und fällt danach wieder auf 0,5 ab. Der Übergang zwischen den einzelnen Niveaus des Skalierungsfaktors muss dabei verschliffen werden (z. B. durch eine Kosinusfunktion), um wahrnehmbare Sprünge in der Plattformbewegung zu vermeiden. Die Werte für die Skalierungsfaktoren werden analog zu den Kurven für die Vorpositionierungsfunktionen in Look-Up-Tabellen in Abhängigkeit von der Streckenkoordinate u abgespeichert.

Erweiterung für stark überhöhte Kurven

Auf manchen Test- und Rennstrecken gibt es Kurven mit einer sehr großen Neigung, wie das Caracciola-Karussell am Nürburgring oder die Tarzankurve in Zandvoort. In diesen Kurven ergibt sich teilweise ein Höhenunterschied >1 m, abhängig davon, ob die Kurve innen oder außen gefahren wird. Dieser Höhenunterschied wird im Basisalgorithmus in der Vorpositionierungsfunktion nicht berücksichtigt, die immer von der Höhe der gedachten Mittellinie abgeleitet wird. Ein solcher Ansatz ist für Strecken wie die diskutierte Teststrecke mit nur geringer Querneigung ausreichend. In stark überhöhten Kurven führt der einfache Ansatz jedoch dazu, dass der Arbeitsraum der Bewegungsplattform nicht ausreicht, um alle fahrbaren Linien abzubilden.

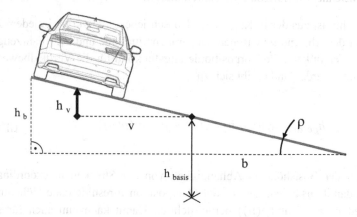

Abbildung 4.21: Erweiterung des Vorpositionierungs-Cueings für stark überhöhte Kurven

Dieser Sachverhalt ist in Abbildung 4.21 dargestellt. Für einen Fahrer, der genau auf der Straßenmittellinie fährt, kann durch die Vorpositionierungs-funktion h_{basis} des Basisalgorithmus sichergestellt werden, dass der Arbeits-raum ausreicht. Für ein Fahrzeug, das wie im Bild im Abstand v zur Mittelli-nie weiter links fährt, kann der Höhenunterschied h_v nicht durch die Vorpo-sitionierung ausgeglichen werden und muss vollständig durch den Hexapod dargestellt werden. Dies ist mit dem verwendeten Hexapod nicht möglich.

Im Folgenden wird daher eine Erweiterung des Algorithmus entwickelt, die dieses Problem löst. Dazu wird eine weitere Look-Up-Tabelle erstellt, in der der Querneigungswinkel ρ der Straße in Abhängigkeit von der Straßenlängs-koordinate u eingetragen ist. Mit der Annahme einer in Querrichtung nicht gekrümmten Straße ist dieser Winkel über der Straßenbreite konstant und kann nach Gl. 4.16 berechnet werden zu

$$\rho(u) = \arctan\left(\frac{h_b(u)}{b}\right) \qquad \text{Gl. 4.16}$$

Darin beschreibt $h_b(u)$ den Höhenunterschied zwischen dem linken und rechten Fahrbahnrand in Abhängigkeit von der Streckenposition u und b kennzeichnet die horizontierte Fahrbahnbreite.

Weiterhin ist aus der in Kapitel 4.3.1 beschriebenen Funktion in jedem Zeit-schritt der Abstand v zwischen der Straßenmittellinie und dem Fahrzeug be-kannt. Damit kann die Vorpositionierungsfunktion für die Vertikalbewegung erweitert werden und ergibt sich zu

$$h_{gesamt}(u, v) = h_{basis}(u) + v \cdot \tan(\rho(u)) \qquad \text{Gl. 4.17}$$

Neben der Basishöhe in Abhängigkeit von der Streckenlängskoordinate u wird damit zusätzlich der aus der Querposition v resultierende Höhenunter-schied $h_v = v \cdot \tan(\rho(u))$ berücksichtigt. Damit kann nun auch für stark überhöhte Kurven eine Einhaltung der Arbeitsraumgrenzen garantiert wer-den.

5 Anwendung des optimierten Fahrsimulators

Mit den in Kapitel 3.2.2 vorgestellten Optimierungsschritten konnte der Immersionsgrad, also die objektiv messbare Qualität des verwendeten Fahrsimulators, gesteigert werden. Durch die Optimierung der dynamischen Eigenschaften des Simulators wird die Darstellung der Fahrzeugeigenschaften im erweiterten Fahrer-Fahrzeug-Umwelt-Regelkreis verbessert. Auch die in den Kapiteln 4.2 und 4.3 entwickelten Motion-Cueing-Algorithmen verbessern die Abbildungsgüte der fahrdynamischen Eigenschaften im Fahrsimulator. Dennoch bleibt der Simulator immer nur ein unvollständiges Abbild der Realität.

Im Folgenden wird zunächst eine Studie vorgestellt, die zeigt, dass die Abbildungsgenauigkeit des optimierten Simulators für einige Anwendungen in der Querdynamikbewertung ausreichend ist. Die im Rahmen dieser Arbeit durchgeführte Probandenstudie wurde auch in [9] präsentiert. Im Anschluss wird in Kapitel 5.2 eine Anwendung aus der Achsentwicklung vorgestellt.

5.1 Bewertung von Reifeneigenschaften im Fahrsimulator

In einer Studie wird untersucht, ob der im Rahmen dieser Arbeit optimierte Fahrsimulator zur Nutzung in der subjektiven Querdynamikbeurteilung geeignet ist. Dabei soll herausgefunden werden, wie gut Testfahrer in dem verwendeten Fahrsimulator unterschiedliche querdynamische Eigenschaften bewerten können. In der Querdynamikbeurteilung werden im Fahrversuch verschiedene Bauteile eines Fahrzeugs und ihr Einfluss auf Fahreigenschaften bewertet. Eine umfassende und vollständige empirische Untersuchung der Möglichkeiten der Querdynamikbeurteilung im Fahrsimulator würde den Umfang dieser Arbeit sprengen. Daher wird exemplarisch eine für die Querdynamik relevante Bauteileigenschaft systematisch variiert und dabei getestet, ob die fahrdynamischen Unterschiede von Fahrern im Simulator wahrgenommen werden. Die daraus gewonnenen Erkenntnisse können teilweise verallgemeinert werden.

© Springer Fachmedien Wiesbaden GmbH, ein Teil von Springer Nature 2018
W. Brems, *Querdynamische Eigenschaftsbewertung in einem Fahrsimulator*, Wissenschaftliche Reihe Fahrzeugtechnik Universität Stuttgart, https://doi.org/10.1007/978-3-658-22787-6_5

5.1.1 Einfluss der Schräglaufsteifigkeit auf die Querdynamikbewertung

Bei der Auswahl des zu variierenden Bauteils gilt es mehrere Randbedingungen zu berücksichtigen. Nicht alle Testfahrer beschäftigen sich in ihrem Arbeitsalltag mit allen Komponenten des Fahrzeugs. Um aus der begrenzten Anzahl an Testfahrern für die Studie ein genügend großes Probandenkollektiv zu erhalten, muss eine Bauteileigenschaft gewählt werden, die von möglichst vielen Testfahrern beurteilt werden kann. Weiterhin sollen die gewonnenen Erkenntnisse zur Eignung des verwendeten Simulators verallgemeinert werden. Daher sollen durch die Variation des Bauteils die fahrdynamischen Eigenschaften des Fahrzeugs so verändert werden, dass die Änderung Einfluss auf verschiedene Komponenten des Simulators hat. So hat eine Änderung der Unterstützungskraft in der Lenkung keine Änderung im Bewegungsverhalten des Hexapods zur Folge und ist damit nicht geeignet. Vor diesem Hintergrund lassen sich verschiedene geeignete Bauteile und damit verbundene Eigenschaften identifizieren, von denen wiederum die Schräglaufsteifigkeit des Reifens ausgewählt wird. Im Folgenden wird der Begriff der Schräglaufsteifigkeit und ihr Einfluss auf die fahrdynamischen Eigenschaften kurz erklärt.

Der Reifen ist das einzige Verbindungsglied zwischen Fahrbahn und Fahrzeug. Im Reifen-Fahrbahn-Kontakt werden alle Kräfte übertragen, die das Fahrzeug auf der gewünschten Trajektorie führen. Die bei einer Kurvenfahrt auftretenden Seitenführungskräfte sind Reibkräfte und können nur bei vorhandenem Schlupf bzw. Schräglaufwinkel übertragen werden. Dabei bezeichnet der Schräglaufwinkel α den Winkel zwischen der Reifenlängsachse und dem momentanen Geschwindigkeitsvektor des Reifens. Die maximal übertragbaren Seitenführungskräfte sind (unter anderem) vom Schräglaufwinkel abhängig. Für kleine Schräglaufwinkel ($0° < \alpha < 3°$) ergibt sich zwischen diesen beiden Größen ein linearer Zusammenhang, der als Schräglaufsteifigkeit c_α bezeichnet wird. Generell haben z. B. die Reifen von Sportwagen eine höhere Schräglaufsteifigkeit und Winterreifen eine eher niedrige. Abbildung 5.1 zeigt den typischen normierten Seitenkraftverlauf über Schräglaufwinkel für drei Reifen. Die Steigung der eingezeichneten Tangenten an die Kurven bei $\alpha = 0°$ ist die Schräglaufsteifigkeit.

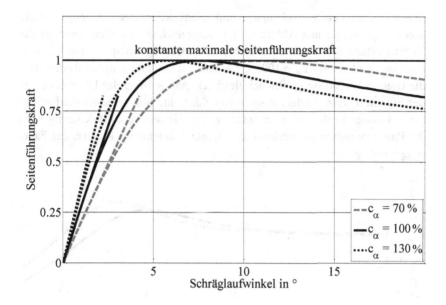

Abbildung 5.1: Einfluss der Schräglaufsteifigkeit auf den normierten Seitenkraftverlauf für drei Reifen

Wie in Kapitel 2.3 erwähnt, wird in dem in dieser Arbeit genutzten Fahrzeugmodell zur Reifenkraftberechnung die Magic Formula von Pacejka [63] verwendet. Während die Seitenkraftkennlinie für $c_\alpha = 100\,\%$ von einem vermessenen und validierten Reifen stammt, wurde bei den anderen beiden Reifen ausschließlich die Schräglaufsteifigkeit um $\pm 30\,\%$ in der Bedatung der Magic Formula geändert. Dadurch haben alle drei Reifen die gleiche maximale Seitenführungskraft. Aus der erhöhten Schräglaufsteifigkeit ergibt sich durch die mathematische Formulierung der Magic Formula zusätzlich ein stärkerer Abfall der Seitenkraft für große Schräglaufwinkel und umgekehrt.

In der Durchführung der Studie wird systematisch die Schräglaufsteifigkeit aller vier Reifen des Fahrzeugs variiert, während alle anderen Bauteileigenschaften unverändert bleiben. Durch die Änderung der Reifeneigenschaften werden die fahrdynamischen Eigenschaften eines Fahrzeugs auf vielfältige Weise beeinflusst. In Abbildung 5.2 ist exemplarisch die Übertragungsfunktion zwischen Lenkwinkeleingabe und Gierreaktion des Fahrzeugs für die drei Beispielreifen aus Abbildung 5.1 aufgezeichnet. Im Diagramm ist die Rechtswertachse normiert auf die berechnete Giereigenfrequenz bei Verwendung des Reifens mit $c_\alpha = 100\,\%$. Für einen schräglaufsteiferen Reifen wird die Giereigenfrequenz größer bei gleichzeitigem Anstieg der Überhöhung in der Eigenfrequenz. Anders ausgedrückt führt eine höhere Schräglaufsteifigkeit aller vier Reifen zu einer intensiveren Gierreaktion. Gleichzeitig wird die Phase zwischen Gierreaktion und Lenkwinkeleingabe kleiner, das Fahrzeug wirkt agiler.

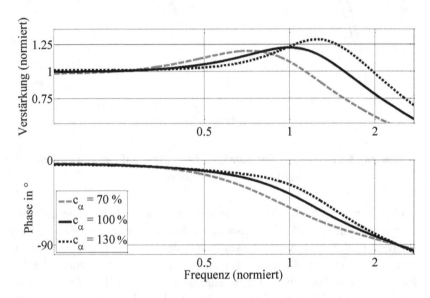

Abbildung 5.2:   Spreizung der Gierreaktion auf Lenkwinkeleingabe in Abhängigkeit von der Schräglaufsteifigkeit aller vier Reifen

Die Gierübertragungsfunktion ist nur ein Beispiel für den Einfluss der Schräglaufsteifigkeit auf das Fahrverhalten. Weitere Zusammenhänge zwischen Fahrverhalten und Reifeneigenschaften finden sich beispielsweise in [60] oder [82]. Die Änderungen im Fahrverhalten des virtuellen Fahrzeugs können vom Fahrer im Simulator dabei mit verschiedenen Sinneskanälen wahrgenommen werden. Eine Änderung der Schräglaufsteifigkeit hat Einfluss auf das auditive Feedback (Reifengeräusche), die Reifenrückstellkräfte und damit das Lenkradmoment, den im Bild sichtbaren Verlauf der Trajektorie des Fahrzeugs und auch auf das Bewegungsverhalten des Hexapods (z. B. Gierbewegung). Damit kann der Fahrer eine Änderung nur dann präzise bewerten, wenn die wahrgenommenen dynamischen Eigenschaften des Fahrzeugs durch den Simulator nicht verfälscht werden. So könnte z. B. durch eine zu große Totzeit in der Sichtsimulation die hauptsächlich visuell wahrgenommene Gierrate im Vergleich zur Bewegungsrückmeldung zu spät dargestellt werden. Damit hätte der Fahrer aus visueller und vestibulärer Rückmeldung inkonsistente Informationen zur Gierbewegung des Fahrzeugs, wodurch die Eigenschaftsbewertung erschwert wird.

5.1.2 Versuchsvorbereitung und Teilnehmer

Als virtuelle Strecke wird eine gerade Autobahn mit drei Fahrspuren verwendet in Verbindung mit dem in Kapitel 4.2 entwickelten Skalierungs-Cueing. Da die jeweiligen Fahrer unterschiedliche Manöver bei der Fahrzeugbewertung bevorzugen, werden sie in ihrem persönlichen Fahrstil und der Linienwahl nicht weiter eingeschränkt. Zur Orientierung werden auf der Strecke Pylonen für einen doppelten ISO-Spurwechsel aufgestellt, sowie ein Abschnitt mit Pylonen im Abstand von 36 m als Slalomstrecke. Die Pylonen sind dabei nicht nur im Bild sichtbar, sondern so modelliert, dass der Fahrer bei einer Überfahrt auch eine Bewegungsrückmeldung durch den Hexapod erhält.

Die Studie wird als Expertenstudie mit insgesamt 14 Probanden durchgeführt, die größtenteils als Testfahrer bei der AUDI AG arbeiten. Da nicht alle Teilnehmer erfahrene Simulatorfahrer sind, wird die Studie je Fahrer auf zwei Sitzungen aufgeteilt. In der ersten Sitzung (Dauer maximal 1 Stunde) hat der Fahrer die Möglichkeit, sich mit dem Simulator, der Strecke und dem virtuellen Fahrzeug vertraut zu machen. In der zweiten Sitzung (Dauer ca. 2 Stunden) wird die eigentliche Studie durchgeführt.

5.1.3 Versuchsablauf

Durch die Studie soll ermittelt werden, ob und – falls ja – bis zu welcher Genauigkeit Fahrer im Simulator Eigenschaften bewerten können. Auf die Variation der Schräglaufsteifigkeit übertragen, soll in aufeinanderfolgenden Iterationen der kleinste Unterschied gefunden werden, der von den Fahrern wiederholungssicher richtig erkannt werden kann. Dazu wird zu Beginn einer Iteration das Fahrzeug im Stillstand auf der virtuellen Strecke positioniert. Der Fahrer kann dann bis zu 2 Minuten lang das Fahrzeug bei einer Geschwindigkeit seiner Wahl bewerten und anschließend wieder bis zum Stillstand abbremsen. Danach wird er gefragt, ob die Reifen mehr oder weniger schräglaufsteif waren als in der zuvor gefahrenen Iteration. Er muss sich dabei in einer erzwungenen Wahl für eine der beiden Antworten entscheiden. Vor der nächsten Iteration wird der Fahrer jeweils informiert, ob seine zuletzt gegebene Antwort richtig oder falsch gewesen ist.

Die Variation der Schräglaufsteifigkeit für jede Iteration erfolgt dabei nach einem verschachtelten Staircase-Verfahren, einer Methode aus der Psychophysik, die z. B. bei [22] im Detail beschrieben wird. Bei einem Staircase-Verfahren wird der Proband mit einem Reizpaar konfrontiert, im vorliegenden Fall der Fahrzeugreaktion bei zwei unterschiedlichen Schräglaufsteifigkeiten. Dabei wird nach jeder Iteration die Differenz der Reize verkleinert, bis der Proband den Reizunterschied nicht mehr richtig erkennt. An diesem Umkehrpunkt wird für die nächsten Iterationen die Reizdifferenz wieder vergrößert, bis diese vom Proband wieder richtig erkannt wird, was den nächsten Umkehrpunkt markiert. In der Literatur wird empfohlen dieses Schema bis zum Erreichen von mindestens 6-8 Umkehrpunkten fortzuführen. Da das Ziel in dieser Studie nicht die Ermittlung von exakten Schwellwerten, sondern die Ableitung von grundsätzlichen Tendenzen ist, wird die Testreihe nach 6 Umkehrpunkten abgebrochen. Anschließend kann aus dem arithmetischen Mittel der Umkehrpunkte der gesuchte Schwellwert errechnet werden. Bei einem verschachtelten Staircase-Verfahren werden die Iterationen aus zwei einfachen Staircase-Verfahren zufällig durchmischt, um Antizipationseffekte auszuschließen. In dieser Studie ist in der ersten Staircase der zweite Reifen einer Iteration immer schräglaufsteifer und in der zweiten Staircase der zweite Reifen einer Iteration immer schräglaufweicher.

Zusätzlich wird im Rahmen dieser Studie ein dynamischer Referenzwert eingeführt. Beim herkömmlichen Staircase-Verfahren besteht ein Reizpaar immer aus einem Referenzreiz und einem modifizierten Reiz. In dieser Studie wird immer der letzte modifizierte Reiz als neuer Referenzreiz verwendet, indem der Fahrer in jeder Iteration die Schräglaufsteifigkeit der aktuellen

Reifen zu den davor gefahrenen in Bezug setzt. Dadurch kann die Anzahl der zu bewertenden Varianten halbiert werden. In Abbildung 5.3 sind die Schräglaufsteifigkeiten aller Iterationen eines Probanden für die verschachtelte Staircase abgebildet. Je nachdem, ob die Schräglaufsteifigkeit in der vorhergehenden Iteration größer oder kleiner war, kann die jeweilige Iteration der ersten oder zweiten Staircase zugeordnet werden. Nach großen Änderungsschritten zu Beginn werden die Schritte im Verlauf immer kleiner. Nach einer falschen Antwort wird der nächste Schritt der gleichen Staircase wieder größer. So wird z. B. die Änderung in Richtung mehr Schräglaufsteifigkeit bei Ziffer 1 vom Fahrer nicht richtig erkannt. Deshalb ist die nächste Änderung in Richtung mehr Schräglaufsteifigkeit bei Ziffer 2 größer.

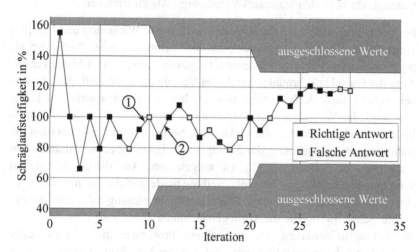

Abbildung 5.3: Verschachtelte Staircase der Schräglaufsteifigkeiten mit dynamischer Referenz für einen Teilnehmer der Studie

Ein Nachteil der dynamischen Referenz sind mögliche Drifts abweichend vom ursprünglichen Referenzwert. Mehrere direkt aufeinanderfolgende Iterationen in die gleiche Richtung, z. B. in Richtung mehr Schräglaufsteifigkeit, können dazu führen, dass der nächste Reifen eine für einen Serienreifen unrealistisch hohe Schräglaufsteifigkeit hat. Um ein derartiges Driften zu vermeiden, werden obere/untere Grenzwerte eingeführt, die in Abbildung 5.3 als „ausgeschlossene Werte" gekennzeichnet sind. Vor jeder Iteration wird geprüft, ob in der nächsten Iteration die Grenzwerte über- bzw. unterschritten werden. Ist dies der Fall, wird der Fahrer darüber informiert und direkt vor dieser Iteration die Referenz wieder auf den Ausgangsreifen mit 100 % Schräglaufsteifigkeit gesetzt.

5.1.4   Ergebnisse

Für die Auswertung können die Daten aller Probanden verwendete werden, da bei keinem Teilnehmer die Studie aufgrund von Simulatorkrankheit abgebrochen werden musste. Im Durchschnitt werden je Proband 30 Iterationen benötigt, um in beiden Staircases 6 Umkehrpunkte zu erreichen.

Bei der Berechnung der Schwellwerte wird ein von Wichmann und Hill [81] vorgestelltes Verfahren verwendet, das alle Iterationen eines Probanden als psychometrische Funktion modelliert. Gegenüber einer reinen Mittelwertbildung der nur 6 Umkehrpunkte hat dieses Verfahren den Vorteil, dass Ausreißer weniger stark berücksichtigt werden. In einer psychometrischen Funktion wird die Wahrnehmungsleistung eines Probanden über der Stimulus-Intensität aufgetragen. Für die vorliegende Studie wird für jede Iteration die wahrgenommene Änderung der Schräglaufsteifigkeit über der tatsächlichen Änderung der Schräglaufsteifigkeit aufgetragen. Aus diesen Stützstellen kann nun eine kumulative Normalverteilung modelliert werden mit Standardabweichung σ und Mittelwert μ. Die Standardabweichung σ ist dann der gesuchte Schwellwert. Für die vorliegende Studie ist es genau die Änderung der Schräglaufsteifigkeit, die von einem Probanden mit 84-prozentiger Wahrscheinlichkeit richtig erkannt wird. Für den Mittelwert μ hingegen wird erwartet, dass dieser nicht wesentlich von $\mu = 0$ abweicht. Wenn ein Fahrer ungleich mehr falsche Antworten bei Iterationen in Richtung weniger Schräglaufsteifigkeit gibt, führt dies zu einem Mittelwert $\mu < 0$ (und einer großen Standardabweichung). Die Differenz zwischen dem für den Probanden ermittelten Mittelwert und $\mu = 0$ wird als Bias bezeichnet. Zur Modellierung der psychometrischen Funktionen wird in dieser Arbeit MatLab-Code von Wichmann und Hill [80] verwendet.

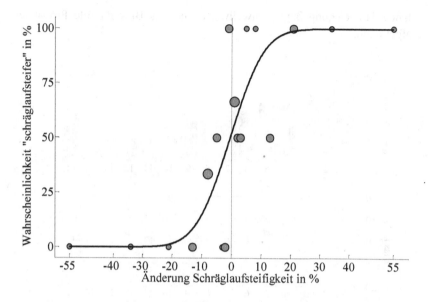

Abbildung 5.4: Modellierung der kumulativen Normalverteilung für einen Probanden mit den Daten aus der verschachtelten Staircase

In Abbildung 5.4 ist die modellierte psychometrische Funktion für den gleichen Probanden abgebildet, dessen Daten auch in Abbildung 5.3 dargestellt sind. Die Kreise repräsentieren die gemittelte Antwort des Probanden bei der jeweiligen Änderung der Schräglaufsteifigkeit. Die Größe der Kreise ist proportional zur Anzahl an Iterationen bei der jeweiligen Änderung der Schräglaufsteifigkeit. Aus der Kurve ist ersichtlich, dass große Änderungen in Richtung mehr Schräglaufsteifigkeit mit hoher Wahrscheinlichkeit als schräglaufsteifer wahrgenommen werden und umgekehrt. Die berechnete kumulative Normalverteilung hat für diesen Probanden eine Standardabweichung von $\sigma = 9{,}1\%$ und ein Bias von $\mu = -0{,}5\%$. Das bedeutet, dass der Proband mit 84-prozentiger Wahrscheinlichkeit eine 9,1-prozentige Änderung der Schräglaufsteifigkeit vorzeichenrichtig erkennen kann. Der niedrige Wert für das Bias bedeutet, dass es für den Probanden beinahe keinen Unterschied macht, welche Richtung die Schräglaufsteifigkeitsänderung hat.

Die für einen Probanden exemplarisch diskutierte psychometrische Funktion wird für alle Probanden ermittelt. In Abbildung 5.5 sind die Werte für die

Standardabweichung bzw. Schwellwerte und das Bias für alle Probanden aufgetragen.

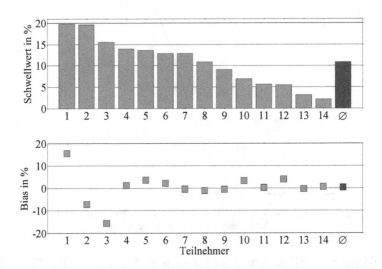

Abbildung 5.5:   Schwellwerte und Biaswerte der psychometrischen Funktionen für alle Teilnehmer der Studie

Für die Schwellwerte kann eine Spreizung von ~20 % bis ~3 % abgelesen werden. Im Mittel können die Fahrer etwas mehr als 10 % Änderung der Schräglaufsteifigkeit wiederholungssicher korrekt identifizieren. Für das Bias können die Teilnehmer in zwei Gruppen aufgeteilt werden. Während für Teilnehmer 1 bis 3 das Bias zwischen -15 % und +15 % liegt, schwankt es für die verbleibenden Teilnehmer nur zwischen -4 % und +4 %. Wie erwartet, ist der Mittelwert des Bias ~0 %.

5.1.5   Diskussion der Ergebnisse

Mit dieser Studie soll der Frage nachgegangen werden, ob der optimierte Fahrsimulator als Entwicklungswerkzeug in der Fahrdynamikentwicklung geeignet ist. Aus diesem Grund werden die abstrakten Ergebnisse aus dem vorhergehenden Abschnitt zunächst in den praktischen Kontext eingeordnet.

Dazu werden verschiedene vermessene Reifen aus einer Datenbank der AUDI AG hinsichtlich der gemessenen Schräglaufsteifigkeit verglichen. Bei zwei SUV-Reifen der gleichen Dimension von verschiedenen Herstellern beträgt der Unterschied der Schräglaufsteifigkeit ~15 %. Der für die vorliegende Studie verwendete Basisreifen ist auch auf Felgen mit einer um 1,5 Zoll breiteren Felgenmaulweite vermessen worden. Die unterschiedliche Felgenmaulweite führt dabei zu einem Unterschied von ~20 % hinsichtlich der Schräglaufsteifigkeit. Und schließlich ergibt ein Vergleich des verwendeten Reifens der Dimension 245/45 R18 mit einem sportlicheren Reifen der Dimension 255/35 R20 einen Unterschied von fast 50 %. Diese Beispiele zeigen, dass der mittlere Schwellwert von ~10 % in einer für die Fahrdynamikentwicklung relevanten Größenordnung liegt.

Zusätzlich muss berücksichtigt werden, dass bei zwei realen Reifen selten nur eine Eigenschaft wie die Schräglaufsteifigkeit unterschiedlich ist. Ein sportlicherer Reifen wird neben einer höheren Schräglaufsteifigkeit auch eine höhere Vertikalsteifigkeit haben, die vom Fahrer bewertet werden kann. Aber es wird in dieser Studie nur ein Merkmal geändert und somit die Differenzierbarkeit tendenziell erschwert. Jedoch weiß der Fahrer im Simulator, dass in jeder Iteration die Schräglaufsteifigkeit verändert wird. In Versuchen mit erzwungener Wahl erzielen Probanden tendenziell bessere Ergebnisse und haben geringere Sensitivitätsschwellen [22]. Diese Situation ist im Berufsalltag eines Versuchsfahrers nicht gegeben. Bei einem Vergleich von verschiedenen Reifen können einzelne Eigenschaften auch ungefähr gleich ausgeprägt sein. Durch die erzwungene Wahl ist somit die Beurteilung im Vergleich zur Realität tendenziell erleichtert.

Bei der Betrachtung der Schwellwerte in Abbildung 5.5 lassen sich zwischen den Fahrern große Unterschiede feststellen. Nachfolgend werden für diese Spreizung um den Faktor ~5 einige Erklärungsansätze diskutiert. Dabei werden auch einige Kommentare der Fahrer berücksichtigt, die jedoch nicht statistisch ausgewertet werden.

Nicht alle Teilnehmer der Studie hatten viel Erfahrung mit der querdynamischen Bewertung von Reifen und mit der Bewertung der Schräglaufsteifigkeit im Speziellen. Einige Teilnehmer mussten sich also zunächst an die Bewertungsaufgabe adaptieren. Falsche Antworten bei großen Änderungen der Schräglaufsteifigkeit in dieser Adaptionsphase können somit das Ergebnis, bzw. den erreichten Schwellwert negativ beeinflussen. Dieser Effekt könnte durch weitere Übungsversuche zu Beginn der Studie vermindert werden.

Daneben fällt bei der Betrachtung der Bias-Werte in Abbildung 5.5 für Teilnehmer 1 bis 3 im Vergleich zu den anderen Teilnehmern ein deutlich erhöhter Bias-Wert auf. So hat z. B. Teilnehmer 1 deutlich mehr falsche Antworten bei Änderungen in Richtung mehr Schräglaufsteifigkeit gegeben, als bei Änderungen in Richtung weniger Schräglaufsteifigkeit. Da die psychometrische Funktion nicht separat für mehr bzw. weniger Schräglaufsteifigkeit modelliert wird, wird dadurch die gesamte Kurve um den Bias-Wert verschoben. Aus theoretischer Sicht wäre jedoch eher eine symmetrische Kurve ohne großes Bias zu erwarten. Eine mögliche Ursache für die großen Bias-Werte könnte die für Staircase-Verfahren relativ geringe Anzahl an Iterationen sein, die nicht für alle Teilnehmer zu einer Konvergenz der Schwellwerte und des Bias geführt hat.

Die Diskussion mit den Fahrern hat jedoch gezeigt, dass bereits durchschnittlich 30 Iterationen bei dieser Aufgabe eine große Belastung darstellen. Obwohl bei keinem Fahrer aufgrund von Simulatorkrankheit die Studie abgebrochen worden ist, stellt das Fahren im Simulator an sich für einige Fahrer eine starke Belastung dar. Gegenüber anderen Untersuchungen, bei denen auch Staircase-Methoden verwendet werden, ist die Dauer je Iteration in dieser Studie mit >3 Minuten relativ hoch. Einige Fahrer haben gegen Ende der Studie auch von nachlassender Konzentration berichtet. Darüber hinaus unterscheidet sich die Bewertungsaufgabe in dieser Studie auch deutlich von der täglichen Arbeit eines Testfahrers. Für gewöhnlich werden bei Testfahrten wenige Varianten intensiv miteinander oder im Bezug zu einer Basisvariante verglichen. In dieser Studie hingegen hat der Fahrer innerhalb von ~2 Stunden bei ~30 Varianten mit einer dynamischen Referenz nur ein Merkmal bewertet.

Ein Teil der Streuung der Ergebnisse dürfte also durch den methodischen Kompromiss des Staircase-Verfahrens mit relativ wenigen Iterationen verursacht werden. Daneben sind bei der Bewertung der Fahrdynamik die auftretenden Beschleunigungen und Kräfte eine sehr wichtige Größe. Diese können, wie in Kapitel 4.1 bewiesen, mit dem verwendeten Hexapod bei vielen Manövern nur deutlich skaliert dargestellt werden. Viele Fahrer können sich bei ihrer Bewertung an die deutlich reduzierten Beschleunigungen anpassen, während dieser Umstand für einzelne Fahrer eine große Herausforderung ist. Damit ist der Simulator in der aktuellen Konfiguration für einzelne Fahrer als Entwicklungswerkzeug zur Bewertung von Querdynamik nur eingeschränkt geeignet.

Wie in Kapitel 5.1.1 erwähnt, hat eine Änderung der Schräglaufsteifigkeit bei verschiedenen Manövern Einfluss auf unterschiedliche fahrdynamische Eigenschaften. Im folgenden Abschnitt werden basierend auf den Kommentaren der Fahrer die verschiedenen Herangehensweisen und Bewertungsmethoden diskutiert. Dabei wird der praktische Mehrwert der in den Kapiteln 3 und 4 erarbeiteten Verbesserungen des Simulators herausgearbeitet. Eine Aufgliederung nach der Wichtigkeit einzelner Komponenten des Simulators ist dabei nur bedingt möglich, da einzelne Fahrzeugeigenschaften mit verschiedenen Simulatorkomponenten dargestellt werden. So führt eine Änderung im Gierverhalten zu sichtbaren Änderungen im Bild und zu Unterschieden im Bewegungsverhalten des Hexapods.

Große Änderungen der Schräglaufsteifigkeit können von den Fahrern unter anderem an Unterschieden des Handmoments festgemacht werden. Eine größere Schräglaufsteifigkeit führt bereits bei kleinen Schräglaufwinkeln zu größerem Reifenrückstellmoment. Damit liegt bereits bei kleinen Lenkbewegungen für größere Schräglaufsteifigkeiten ein größeres Handmoment an.

Weiterhin führt eine deutliche Erhöhung der Schräglaufsteifigkeit bei kleinen Lenkwinkeln zu einer intensiveren und schnelleren Gierreaktion des Fahrzeugs (vgl. auch Abbildung 5.2). Das Fahrzeug wird von Fahrern als agiler beschrieben. Die Agilität ist für den Fahrer im Zusammenspiel verschiedener Simulatorkomponenten erlebbar. So kann der Fahrer die Unterschiede in der Gierbewegung zweier Fahrzeuge in der Sichtsimulation auf der Leinwand sehen. Dabei bewertet der Fahrer die Phasenlage zwischen Lenkwinkeleingabe und sichtbarer Gierreaktion des Fahrzeugs. Für den verwendeten Simulator ist durch die in Kapitel 3.2.2 vorgestellten Methoden die im Bild wahrnehmbare Latenz nahezu vollständig eliminiert. Damit wird die Bewertung der Fahrzeugreaktion nicht durch die Latenz des Simulators verfälscht. Dieser Sachverhalt soll mit einem Zahlenbeispiel noch besser verdeutlicht werden. In Abbildung 5.2 beträgt der Phasenwinkel zwischen Lenkwinkel und Gierrate für den Basisreifen mit Schräglaufsteifigkeit $c_\alpha = 100\ \%$ bei der Giereigenfrequenz ca. 35°. Dies entspricht bei einer fiktiven, aber realistischen, Giereigenfrequenz von 1,25 Hz ungefähr 80 ms. Wird die Schräglaufsteifigkeit um 30 % verringert, so vergrößert sich der Phasenwinkel zwischen Lenkwinkeleingabe und sichtbarer Gierreaktion um 15°, bzw. ca. 35 ms. Wenn nun für einen Simulator die visuelle Latenz 50 ms betragen würde, dann wäre der durch die Latenz verursachte Fehler in etwa gleich groß, wie die zu bewertende Größe. Dadurch würde die Bewertung für den Fahrer deutlich erschwert.

Schließlich ist auch noch die Hexapodbewegung bei der Bewertung ein nützliches Werkzeug. Allen Fahrern fällt dabei die im Verhältnis zur Realität deutlich reduzierte Bewegung auf. Für sehr wenige Fahrer ergeben sich gerade aus der Skalierung der Querbewegung um den Faktor zehn Schwierigkeiten bei der Querdynamikbewertung. Bei sehr kleinen Lenkbewegungen werden die resultierenden Querbeschleunigungen durch die lineare Skalierung so gering, dass diese teilweise unterhalb der absoluten Wahrnehmungsschwelle liegen. Analog zur Gierbewegung ändert sich die Übertragungsfunktion zwischen Lenkradwinkel und Querbeschleunigung in Abhängigkeit von der Schräglaufsteifigkeit. Eine höhere Schräglaufsteifigkeit führt tendenziell zu mehr Querbeschleunigung bei gleichem Lenkwinkel. Durch die Skalierung werden die Unterschiede zwischen den Reifen teilweise so klein, dass sie unterhalb der Differenzmerkschwelle liegen und damit vom Fahrer nicht bewertbar sind. Viele Fahrer können jedoch bei der Bewertung der Querdynamik im Fahrsimulator die Information aus der Querbeschleunigung mit der Information aus der Wank- und Gierbewegung kompensieren, die weniger stark skaliert ist und damit besser zur Bewertung geeignet ist.

Eine weitere Methode zur Bewertung von kleinen Änderungen der Schräglaufsteifigkeit ist der Lenkwinkelbedarf für ein spezifisches Manöver. In der Studie können die Fahrer zur Bewertung des Lenkwinkelbedarfs die auf der Strecke aufgestellten Pylonen nutzen. Abhängig von der Schräglaufsteifigkeit der Reifen benötigt der Fahrer unterschiedlich große Lenkwinkel, um die Slalomgasse mit gleicher Geschwindigkeit zu durchfahren. In diesem Zusammenhang ist die in Kapitel 3.2.2 diskutierte Synchronisierung zwischen Bewegungsplattform und Visualisierung wichtig, um dem Fahrer korrekte Informationen bezüglich seiner Position in der virtuellen Welt zu geben. Falls der Fahrer eine Pylone überfährt, spürt er dies durch Feedback aus der Bewegungsplattform, da die Pylonen als Objekte modelliert sind. Falls die Visualisierung gegenüber der Bewegungsplattform jedoch eine zu große Latenz aufweist, sieht der Fahrer die Überfahrt erst zu einem späteren Zeitpunkt. Damit erhält der Fahrer nur in einem Simulator mit synchronisierten Subsystemen konsistente Informationen über alle seine Sinneskanäle.

Zusammenfassend kann festgestellt werden, dass für einen großen Teil der Fahrer die querdynamische Eigenschaftsbewertung mit dem verwendeten Simulator möglich ist. Für einen geringen Prozentsatz der Fahrer wird die Bewertung von fahrdynamischen Eigenschaften durch die fehlende 1:1-Darstellung von Beschleunigungen mit der Bewegungsplattform deutlich erschwert. Alle anderen Fahrer haben in der durchgeführten Studie teilweise sehr gute Ergebnisse erzielen können.

5.2 Achsentwicklung in der Konzeptphase

In der Fahrzeugentwicklung werden in der Konzeptphase die grundlegenden Eigenschaften und Konstruktionsdaten festgelegt. Für die Fahrwerkentwicklung bedeutet dies unter anderem die Auswahl eines Achskonzepts und die Festlegung der zugehörigen kinematischen Größen. Damit werden bereits mehrere Jahre vor Produktionsbeginn der benötigte Bauraum für die Achse und das grundlegende Fahrverhalten festgelegt. In diesem frühen Entwicklungsstadium können aus Zeit- und Kostengründen nur wenige Fahrzeugvarianten als Prototypen aufgebaut werden. Daher werden viele Varianten nur simulativ bewertet. Mit dem Fahrsimulator ist es nun möglich, verschiedene virtuelle Fahrwerkkonzepte subjektiv im virtuellen Fahrversuch zu bewerten. Im Folgenden wird zum einen beispielhaft die Anwendung des optimierten Fahrsimulators in der Praxis beschrieben. Ausgehend von den Erfahrungen mit dem optimierten Fahrsimulator werden außerdem systemische Verbesserungspotenziale für den verwendeten Fahrsimulator aufgezeigt, die im Rahmen dieser Arbeit jedoch nicht umgesetzt wurden.

Für ein Fahrzeugprojekt der AUDI AG ist an der Hinterachse eines Fahrzeugs der Kompaktklasse der Einsatz einer Verbundlenkerachse oder einer Mehrlenkerachse (vgl. Abbildung 5.6) diskutiert worden. Zusätzlich sind für beide Achskonzepte verschiedene Lenkergeometrien und elastokinematische Konfigurationen untersucht worden. In der Konzeptentwicklung ist dazu für jedes Achskonzept ein Prototyp in einem Fahrzeug umgesetzt und subjektiv im Fahrversuch bewertet sowie objektiv auf dem Prüfstand und im Fahrversuch vermessen worden. Alle weiteren Untersuchungen sind ohne physische Versuchsteile durchgeführt worden.

Abbildung 5.6:   Verbundlenkerachse (links) und Mehrlenkerachse, Quelle: AUDI AG

In der Desktopsimulation werden dazu beide Achskonzepte in verschiedenen Modellierungstiefen (z. B. Mehrkörpersimulation, Kennlinienbasiertes Zweispurmodell) untersucht. Anhand diverser objektiver Manöver wie einer Lenkwinkelrampe oder Lenkwinkel-Sinus-Sweeps können aus der Simulation fahrdynamische Kennwerte für beide Achskonzepte ermittelt werden.

Neben der reinen Desktopsimulation besteht dabei auch die Möglichkeit, verschiedene Varianten am Fahrsimulator subjektiv zu erleben. Dazu werden die entsprechenden Varianten als Zweispurmodelle in der Software VI-CarReal-Time [77] aufgebaut und parametriert. Anschließend können die verschiedenen Fahrzeugvarianten im Fahrsimulator gefahren werden.

Ein Teil der virtuellen Versuchsfahrten wird auf der dreispurigen Autobahn durchgeführt. Dabei wird das in Kapitel 4.2 vorgestellte querdynamische Skalierungs-Cueing verwendet. Durch die präzise Bewegungsrückmeldung des Skalierungs-Cueings kann das Fahrverhalten von den Testfahrern auch in kritischen, dynamischen Situationen gut bewertet werden. Weiter werden auch Versuchsfahrten im virtuellen Prüfgelände durchgeführt. Dazu wird das in Kapitel 4.3 entwickelte streckenbasierte Vorpositionierungs-Cueing verwendet. Auf der Teststrecke können neben den querdynamischen Eigenschaften auch vertikaldynamische Eigenschaften bewertet werden. Dies wird erst durch die sehr gute Abbildung der Vertikalbewegung mit dem neuen Vorpositionierungs-Cueing möglich.

Gegenüber der Versuchsfahrt im Realfahrzeug profitieren die Fahrer auch in diesem Projekt von den bekannten Vorteilen des virtuellen Fahrversuchs im Simulator, wie z. B. einer hohen Reproduzierbarkeit, fehlendem Bauteilverschleiß, etc. Ein weiterer großer Vorteil besteht in diesem Projekt darin, dass der Wechsel zwischen zwei Fahrzeugvarianten im Fahrsimulator nur wenige Sekunden dauert. Im Realversuch dauert hingegen ein Umbau in der Werkstatt mehrere Stunden oder sogar Tage. Somit können im Simulator verschiedene Varianten innerhalb kürzester Zeit bewertet werden.

Dabei können im Fahrsimulator nicht nur die beiden grundlegenden Achskonzepte (Verbundlenkerachse vs. Mehrlenkerachse) verglichen werden, sondern auch verschiedene Varianten der jeweiligen Achsen. Diese unterscheiden sich z. B. bezüglich der Lenkergeometrie und der daraus resultierenden Achskinematik. Diese Vergleiche waren im Realversuch nicht möglich, da von jedem Achskonzept nur ein Prototyp aufgebaut wurde.

In dieser Praxisanwendung hat sich gezeigt, dass mit dem verwendeten Fahrsimulator Handlingeigenschaften bis zum Grenzbereich untersucht und bewertet werden können. Eine Bewertung von Manövern mit nur kleinen Beschleunigungsamplituden, wie sie zum Beispiel bei der Bewertung des Anlenkverhaltens auftreten, ist mit dem verwendeten Fahrsimulator nur eingeschränkt möglich. Durch die notwendige Skalierung der Bewegungen werden die ohnehin kleinen Unterschiede zwischen verschiedenen Fahrzeugvarianten so klein, dass sie auch von professionellen Testfahrern nicht mehr bewertet werden können.

Eine Möglichkeit diesem Problem zu begegnen ist die Verwendung eines größeren Skalierungsfaktors bei gleichzeitiger Verringerung der Fahrbahnbreite von drei Spuren auf zwei Spuren oder auf eine beliebig schmale Gasse mit definierter Breite. Bei dieser Vorgehensweise ist unter Zuhilfenahme des dynamischen Arbeitsraumes (vgl. Kapitel 4.1) darauf zu achten, dass neben den Positionslimitierungen auch die Geschwindigkeits- und Beschleunigungslimitierungen des verwendeten Hexapods eingehalten werden. Während durch dieses Vorgehen die Qualität der Bewegungsrückmeldung auch für Manöver mit kleinen Beschleunigungsamplituden gesteigert werden kann, wird der Fahrer gleichzeitig in der Manöverauswahl eingeschränkt.

Dennoch könnte diese Möglichkeit mit Anpassungen in der Software umgesetzt werden.

Wenn bei gleichbleibender Fahrbahnbreite der Skalierungsfaktor gesteigert werden soll, kann dies nur mit einer größeren Bewegungsplattform erreicht werden, also Anpassungen der Hardware. Obwohl in dieser Arbeit ein bestehender Simulator optimiert werden soll und somit diese Lösung im Rahmen dieser Arbeit nicht umgesetzt werden kann, wird im Folgenden kurz darauf eingegangen. Aus Sicht des Autors wäre für die Anwendung Querdynamikbewertung ein Plattform mit ~3 m translatorischem Arbeitsraum in Querrichtung eine gute Alternative. Mit einer Plattform dieser Größe, könnte z. B. ein ISO-Spurwechsel in einer 1:1-Skalierung gefahren werden. Dabei ist zu beachten, dass bei modernen Serienfahrzeugen bei einem ISO-Spurwechsel Quergeschwindigkeiten bis zu ~6 m/s und Querbeschleunigungen bis zu ~10 m/s^2 auftreten. Diese Werte müssen entsprechend auch mit der Bewegungsplattform abgebildet werden. Ein Hilfsmittel bei der Entwicklung der Plattform könnte dazu das in Kapitel 4.1 entwickelte Konzept des dynamischen Arbeitsraumes sein.

Wenn in einem Simulator eine größere Bewegungsplattform verwendet wird, hat dies auch Auswirkungen auf viele andere Komponenten des Simulators. So muss z. B. die Sichtsimulation insbesondere die Leinwand angepasst werden. Durch den größeren Arbeitsraum der Bewegungsplattform wird der Fahrer je nach Manöver in größerem Abstand zur Leinwand positioniert. Damit ergibt sich bei gleichem vertikalem Sichtfeld die Notwendigkeit einer höheren Leinwand, da sonst der Fahrer über die obere/untere Grenze der Leinwand hinaussehen kann. In dieser Situation kann auch die Installation einer Leinwand direkt auf der Bewegungsplattform (wie z. B. beim Stuttgarter Fahrsimulator am IVK/FKFS in Abbildung 2.2) zielführend sein. Dabei muss das zusätzliche Gewicht und dessen Einfluss auf die dynamischen Eigenschaften der Plattform berücksichtigt werden. Weiterhin muss das akustische Verhalten einer größeren Plattform untersucht werden. Hier kann z. B. eine geschlossene, akustisch isolierte Fahrerkabine zielführend sein, um die störenden Einflüsse einer möglicherweise lauteren Bewegungsplattform zu kompensieren. Auch hier gilt es das Mehrgewicht einer geschlossenen Kabine gegenüber einer offenen Bauweise zu berücksichtigen.

Insgesamt kann der verwendete Fahrsimulator den Fahrversuch bisher nicht ersetzen und das Feintuning im Realfahrzeug wird weiterhin nötig sein. Dennoch kann der in dieser Arbeit optimierte Fahrsimulator genutzt werden, um in einer frühen Entwicklungsphase die Variantenzahl zu reduzieren oder eine grundlegende Fahrwerksabstimmung vorzunehmen. Eine konzeptionelle Änderung des Simulators durch die Verwendung einer größeren Bewegungsplattform könnte die Nutzungsmöglichkeiten erweitern, will jedoch mithilfe der im Rahmen dieser Arbeit gewonnenen Erkenntnisse gut geplant werden.

6 Fazit und Ausblick

In der vorliegenden Arbeit werden verschiedene Optimierungsschritte für einen bestehenden Fahrsimulator zur Nutzung in der Querdynamikbewertung erarbeitet. Mit dem Konzept des um den Fahrsimulator erweiterten Fahrer-Fahrzeug-Umwelt-Regelkreises werden die dynamischen Anforderungen an den Fahrsimulator abgeleitet. Für den verwendeten Fahrsimulator werden in einer umfassenden Systemanalyse die dynamischen Eigenschaften und Verbesserungspotenziale identifiziert. Insbesondere werden Prädiktionsmethoden zur Latenzminimierung und Synchronisierung der verschiedenen Simulatorkomponenten vorgestellt. Der Fokus liegt dabei auf einer einfachen, generischen Anwendbarkeit und Validierbarkeit.

Ein wesentlicher Punkt bei der Entwicklung von Fahrsimulatoren mit Bewegungsplattform sind Motion-Cueing-Algorithmen. Das entwickelte Konzept des dynamischen Arbeitsraumes stellt dazu zunächst die Anforderungen aus der jeweiligen Simulatoranwendung dem Arbeitsraum der Bewegungsplattform gegenüber. Davon ausgehend wird für die Anwendung Querdynamikbewertung ein fahrspurbasierter Ansatz für den vorhandenen Simulator weiterentwickelt. Daneben wird ein komplett neuer Ansatz zur Querdynamikbewertung auf geschlossenen Strecken erarbeitet, mit einer streckenabhängigen Vorpositionierung für die Gier- und Vertikalbewegung. Bei beiden Motion-Cueing-Algorithmen haben die im Simulator dargestellten Bewegungen im Vergleich zu den zugrunde liegenden Bewegungssignalen des Fahrzeugmodells keine wahrnehmbaren Phasenfehler. Die Amplitudenfehler sind frequenzunabhängig gleich groß.

In einer Studie mit Testfahrern wird demonstriert, dass für den Großteil der Fahrer eine querdynamische Eigenschaftsbewertung mit dem verwendeten Simulator möglich ist. Abschließend wird mit einem Beispiel aus der Praxis der Fahrzeugentwicklung eine Anwendungsmöglichkeit des Fahrsimulators vorgestellt.

Einige Fahrer sind durch das Fehlen der mit diesem Simulator nachweislich nicht höher skalierbaren Beschleunigungen in der Querdynamikbewertung eingeschränkt. Durch die Integration einer größeren Bewegungsplattform

© Springer Fachmedien Wiesbaden GmbH, ein Teil von Springer Nature 2018
W. Brems, *Querdynamische Eigenschaftsbewertung in einem Fahrsimulator*, Wissenschaftliche Reihe Fahrzeugtechnik Universität Stuttgart, https://doi.org/10.1007/978-3-658-22787-6_6

könnte dieses Problem verringert werden. Dabei kann die Betrachtung des dynamischen Arbeitsraums in der Konzeptionierung der Plattform ein wertvolles Hilfsmittel zur zielgerechten Spezifikation sein.

Alle im Rahmen dieser Arbeit entstandenen Entwicklungen steigern die Abbildungsgüte des Fahrverhaltens im Fahrsimulator. Daher ist ihre Anwendung per se nicht auf die Querdynamikbewertung im Fahrsimulator beschränkt. Allerdings kann z. B. das Vorpositionierungs-Cueing bisher nur auf geschlossenen Strecken ohne Kreuzungen genutzt werden und ist damit für viele Anwendungen nicht geeignet. Durch eine abschnittsweise Definition der Vorpositionierungsfunktionen in Verbindung mit einer Logik zur Identifikation des jeweils aktuellen Fahrstreckenabschnitts könnte diese Einschränkung aufgehoben werden und damit das Anwendungsspektrum erweitert werden.

Gerade vor dem Hintergrund von aktiven Fahrwerksystemen wird die Fahrwerkentwicklung in Zukunft immer komplexer. Durch die Nutzung von Fahrsimulatoren ergeben sich hier große Potentiale für eine effiziente Auslegung, Funktionsentwicklung und Grundapplikation dieser Systeme. Mit den vorgestellten Methoden und Algorithmen wird an dieser Stelle ein wertvoller Beitrag zur Integration von Fahrsimulatoren in den fahrdynamischen Entwicklungsprozess geleistet.

Literaturverzeichnis

[1] Alstead, C.; Whitehead, J.: Steering and Suspension Development of Road Vehicles. In: American Society fo Testing and Materials (Hrsg.): Vehicle-Road Interaction. Philadelphia, 1994.

[2] Augusto, B. D. C.: Motion Cueing in the Chalmers Driving Simulator: A Model Predictive Control Approach. Goteborg, Chalmers University, Master Thesis, 2009

[3] Baarspul, M.: Flight simulation techniques with emphasis on the generation of high fidelity 6 DOF motion cues. In: ICAS-86-5.3.3, 1986.

[4] Beghi, A.; Bruschetta, M.; Maran, F.: A real time implementation of MPC based motion cueing strategy for driving simulators. In: Proceedings of the IEEE Conference on Decision and Control. Maui, Hawaii, 2012.

[5] Berthoz, A.; Bles, W.; Bülthoff, H. H; Grácio, B. J. C.; Feenstra, P.; Filliard, N.; Hühne, R.; et al.: Motion Scaling for High-Performance Driving Simulators. In: IEEE Transactions on Human-Machine Systems, 43. Jahrg., 2013, Nr. 3, S. 265-276.

[6] Bertollini, G.; Glaser, Y.; Szczerba, J.: Effect of Yaw Motion on Driver Behaviour during Traffic Circle Turning Manoeuvers. In: Bülthoff, H.; Kemeny, A.; Pretto, P. (Hrsg.): Proceedings of the DSC 2015 Europe. Tübingen, 2015.

[7] Bertollini, G.; Glaser, Y.; Szczerba, J.; Wagner, R.: The Effect of Motion Cueing on Simulator Comfort, Perceived Realism, and Driver Performance During Low Speed Turning. In: Kemeny, A.; Espié, S.; Mérienne, F. (Hrsg.): Driving Simulation Conference Europe 2014 Proceedings. Paris, 2014.

© Springer Fachmedien Wiesbaden GmbH, ein Teil von Springer Nature 2018
W. Brems, *Querdynamische Eigenschaftsbewertung in einem Fahrsimulator*, Wissenschaftliche Reihe Fahrzeugtechnik Universität Stuttgart, https://doi.org/10.1007/978-3-658-22787-6

[8] Brems, W.; Kruithof, N.; Krantz, W.; Uhlmann, R.; Wagner, A.; Wiedemann, J.: New Motion Cueing Algorithm for Improved Evaluation of Vehicle Dynamics on a Driving Simulator. SAE Technical Paper 2017-01-1566, 2017.

[9] Brems, W.; Uhlmann, R.; Wagner, A.; Wiedemann, J.: Evaluation of Chassis Setups Using a Dynamic Driving Simulator. In: Kemeny, A.; Mérienne, F.; Colombet, F.; Espié, S. (Hrsg.): Proceedings of the DSC 2016 Europe VR. Paris, 2016.

[10] Brems, W.; van Doornik, J.; de Vries, E.; Wiedemann, J.: Frequency response and latency analysis of a driving simulator for chassis development and vehicle dynamics evaluation. In: Bülthoff, H.; Kemeny, A.; Pretto, P. (Hrsg.): Proceedings of the DSC 2015 Europe. Tübingen, 2015.

[11] Colombet, F.; Dagdelen, M.; Reymond, G.; Pere, C.; Mérienne, F.; Kemeny, A.: Motion Cueing: what's the impact on the driver's behaviour. In: Proceedings of the DSC Europe. Paris, 2008.

[12] Concurrent: Homepage der Firma Concurrent. Quelle: https://www.concurrent.com, Zugriff am 26. April 2017.

[13] Crane, D.: Flight Simulator Visual-Display Delay Compensation. In: ren, T. I.; Delfosse, C. M.; Shub, C. M. (Hrsg.): Winter Simulation Conference Proceedings, 1981.

[14] Cruden: Homepage der Firma Cruden. Quelle: http://www.cruden.com, Zugriff am 22. Oktober 2016.

[15] Dagdelen, M.; Reymond, G.; Kemeny, A.: Analysis of the Visual Compensation in the Renault Driving Simulator. In. Proceedings of the Driving Simulation Conference Europe. Paris, 2002.

[16] Dagdelen, M.; Reymond, G.; Kemeny, A.; Maizi, N.: MPC Based Motion Cueing Algorithm: Development and Application to the ULTIMATE Driving Simulator. In: Proceedings of the DSC Europe. Paris, 2004.

[17] Daimler AG: Medienportal der Daimler AG. Quelle: http://media. daimler.com/marsMediaSite/de/instance/ko/TecDay-Komfort.xhtml? oid=9266415, Zugriff am 04. Mai 2017.

[18] Damveld, H. J.; Wentink, M.; van Leeuven P. M.; Happee, R.: Effects of Motion Cueing on Curve Driving. In: Kemeny, A. (Hrsg.): Proceedings of the DSC 2012 Europe. Paris, 2012.

[19] Denjean, S.; Roussarie, V.; Kronland-Martinet, R.; Ystad, S.; Velay, J. L.: How does interior car noise alter driver's perception of motion? Multisensory integration in speed perception. In: Proceedings of Acoustics 2012. Nantes, France, 2012.

[20] DIN ISO7401:1989-04, Straßenfahrzeuge - Testverfahren für querdynamisches Übertragungsverhalten.

[21] dSPace: Homepage der Firma dSPACE. Quelle: https://www.dspace. com/de/gmb/home.cfm, Zugriff am 26. April 2017.

[22] Ehrenstein, W. H.; Ehrenstein, A.: Psychophysical Methods. In: Windhorst, U.; Johannsson, H. (Hrsg.): Modern Techniques in Neuroscience. Berlin: Springer-Verlag, 1999.

[23] Fang, Z.; Colombet, F.; Collinet, J.-C.; Kemeny, A.: Roll Tilt Thresholds for 8 DOF Driving Simulators. In: Kemeny, A.; Espié, S.; Mérienne, F. (Hrsg.): Driving Simulation Conference Europe 2014 Proceedings. Paris, 2014.

[24] Fang, Z.; Kemeny, A.: Review and prospects of Renault's MPC based motion cueing algorithm for driving simulator. In: Kemeny, A.; Espié, S.; Mérienne, F. (Hrsg.): Driving Simulation Conference Europe 2014 Proceedings. Paris, 2014.

[25] Fang, Z.; Reymond, G.; Kemeny, A.: Performance identification and compensation of simulator motion cueing delays. In: Kemeny, A.; Mérienne, F.; Espié, S. (Hrsg.): Proceedings of the Driving Simulation Conference Europe. Paris, 2010.

[26] Feenstra, P.; Wentink, M.; Grácio, B. J. C.; Bles, W.: Effect of Simulator Motion Space on Realism in the Desdemona Simulator. In: Proceedings of the DSC Europe. Monaco, 2009.

[27] Fischer, M.: Motion-Cueing-Algorithmen für eine realitätsnahe Bewegungssimulation. Braunschweig, Universität, Dissertation, 2009.

[28] Fischer, M.; Seefried, A.; Seehof, C.: Objective Motion Cueing Test for Driving Simulatrs. In: Kemeny, A.; Mérienne, F.; Colombet, F.; Espié, S. (Hrsg.): Proceedings of the DSC 2016 Europe VR. Paris, 2016.

[29] FKFS: Homepage des FKFS. Quelle: http://www.fkfs.de/kraftfahrzeug mechatronik/leistungen/fahrsimulatoren/, Zugriff am 03. März 2017.

[30] Fortmüller, T.; Meywerk, M.: The Influence of Yaw Movements on the Rating of the Subjective Impression of Driving. In: DSC North America Proceedings. Orlando, 2005.

[31] French, M.: Inside Rockstar North – Part 2: The Studio. Quelle: http://www.develop-online.net/studio-profile/inside-rockstar-north-part-2-the-studio/0184061; Zugriff am 02. Mai 2017.

[32] Garrett, N. J. I.; Best, M. C.: Evaluation of a new body-sideslip-based driving simulator motion cueing algorithm. In: Journal of Automobile Engineering, 11. Jahrg., 2012, Nr. 226, S. 1433-1444.

[33] Garrett, N. J. I.; Best, M. C.: Model predictive motion cueing algorithm with actuator based constraints. In: Vehicle System Dynamics, 51. Jahrg., 2013, Nr. 8, S. 1151-1172.

[34] Grácio, B. J. C.; van Paassen, M. M.; Mulder, M.; Wentink, M.: Tuning of the lateral specific force gain based on human motion perception in the Desdemona simulator. In: Proceedings of the AIAA Modeling and Simulation Technologies Conference. Toronto, Canada, 2010.

[35] Grant, P. R.; Reid, L. D.: Motion Washout Filter Tuning: Rules and Requirements. In: Journal of Aircraft, 34. Jahrg., 1997, Nr. 2, S. 145-151.

[36] Grant, P.; Artz, B.; Blommer, M.; Cathey, L.; Greenberg, J.: A Paired Comparison Study of Simulator Motion Drive Algorithms. In: Proceedings of the DSC Europe 2002. Paris, 2002.

[37] Grant, P.; Blommer, M.; Cathey, L; Artz, B.; Greenberg, J.: Analyzing Classes of Motion Drive Algorithms Based on Paired Comparison Techniques. In: DSC North America Proceedings. Dearborn, USA, 2003.

[38] Granzow, S.; Kilian, C.; Guth, S.; Liebert, S.: Motion Cueing zur Fahrdynamikbewertung. Deutschland Patent DE-10-2013-224-510-A1, 29 November 2013.

[39] Guo, L.; Cardullo, F. M.; Houck, J. A.; Kelly, L. C.; Wolters, T.: New Predictive Filters for Compensating the Transport Delay on a Flight Simulator. In: Proceedings of the AIAA Modelling and Simulation Technologies Conference and Exhibit. Province, Rhode Island, 2004.

[40] Heidet, A.; Warusfel, O.; Vandernoot, G.; Saint-Loubry, B.; Kemeny, A.: A cost effective architecture for realistic sound rendering in the SCANeR II driving simulator. In: Proceedings of the 1st Human-Centered Transportation Simulation Conference. Iowa City, 2001.

[41] Heimann, P.: Ein Beitrag zur Modellierung des Reifenverhaltens bei geringen Geschwindigkeiten. Stuttgart, Universität, Disseration, 2017.

[42] Heißing, B.; Brandl, H. J.: Subjektive Beurteilung des Fahrverhaltens. Würzburg: Vogel Fachbuch, 2002.

[43] Heißing, B.; Ersoy, M.; Gies, S. (Hrsg.): Fahrwerkhandbuch. Wiesbaden: Vieweg + Teubner Verlag, 2011.

[44] Heißing, B.; Kudritzki, D.; Schindlmaister, R.; Mauter, G.: Menschengerechte Auslegung des dynamischen Verhaltens von PKW. In: Bubb, H. (Hrsg.): Ergonomie und Verkehrssicherheit. München: Herbert Utz Verlag, 2000.

[45] Heitbrink, D. A.; Cable, S.: Design of a Driving Simulation Sound Engine. In: Proceedings of the DSC 2007 North America. Iowa City, 2007.

[46] Hogema, J.; Wentink, M.; Bertollini, G.: Effects of Yaw Motion on Driving Behaviour, Comfort and Realism. In: Kemeny, A. (Hrsg.): Proceedings of the DSC 2012 Europe. Paris, 2012.

[47] Hosman, R. J. A. W.; van der Vaart J. C.: Vestibular Models and Threshold of Motion Perception. Results of Test in a Flight Simulator. Report LR-265, Delft University of Technology, 1978.

[48] ISO 13674-1:2010-05, Road vehicles - Test method for the quantification of on-centre handling - Part 1: Weave test.

[49] ISO 3888-1:1999-10, Passenger cars - test track for a severe lane-change manoeuvre - Part 1: Double lane-change.

[50] ISO 4138:2012-06, Passenger cars - steady-state circular driving behaviour - Open-loop test methods.

[51] ISO 8608:2016-11, Mechanical vibration - Road surface profiles – Reporting of measured data.

[52] Kaussner, A.; Grein, M.; Krüger, H.-P.; Noltemeier, H.: An architecture for driving simulator database with generic and dynamically changing road networks. In: Proceedings of the DSC 2001, Sophia Antipolis, 2001.

[53] Kemeny, A.; Panerai, F.: Evaluating perception in driving simulation experiments. In: TRENDS in Cognitive Sciences, 7. Jahrg., 2003, Nr.1, S. 31-37.

[54] Lappe, M.; Bremmer, F.; van den Berg, A. V.: Perception of self-motion from visual flow. In: TRENDS in Cognitive Sciences, 3. Jahrg., 1999, Nr.9, S. 329-336.

[55] Leo Bodnar Electronics: Webshop der Firma Leo Bodnar Electronics. Quelle: http://www.leobodnar.com/shop/index.php?main_page=product_info&cPath=89&products_id=212, Zugriff am 04. Mai 2017.

[56] Merat, N.; Jamson, H.: A Driving simulator Study to Examine the Role of Vehicle Acoustics on Drivers' Speed Perception. In: Proceedings of the Sixth International Driving Symposium on Human Factors in Driver Assessment, Training and Vehicle Design. Lake Tahoe, California, 2011.

[57] Mitschke, M.; Wallentowitz, H.: Dynamik der Kraftfahrzeuge. Wiesbaden: Springer Vieweg, 2014.

[58] Mittelstädt, H.: A new Solution to the Problem of the Subjective Vertical. In: Die Naturwissenschaften, 70. Jahrg., 1983, Nr. 6, S. 272-281.

[59] Negele, H. J.: Anwendungsgerechte Konzipierung von Fahrsimulatoren für die Fahrzeugentwicklung. München, Technische Universität, Dissertation, 2007.

[60] Neubeck, J.: Fahreigenschaften des Kraftfahrzeuges II, Stuttgart, Universität, Vorlesungsmanuskript, 2016.

[61] Neukum, A.: Bewertung des Fahrverhaltens im Closed Loop – Zur Brauchbarkeit des korrelativen Ansatzes. In: Becker, K. (Hrsg.): Subjektive Fahreindrücke sichtbar machen II. Renningen: Expert Verlag, 2002.

[62] Orfanidis, S. J.: Introduction to Signal Processing. Upper Saddle River, New Jersey: Prentice-Hall Inc., 1996.

[63] Pacejka, H.: Tire and Vehicle Dynamics. Oxford: Butterworth-Heinemann, 2012.

[64] Pitz, J.; Rothermel, T.; Kehrer, M.; Reuss, H.-C.: Predictive motion cueing algorithm for development of interactive driver assistance systems. In: Bargende, M.; Reuss, H.-C.; Wiedemann, J. (Hrsg.): 16th Stuttgart International Symposium Automotive and Engine Technology. Wiesbaden: Springer Vieweg, 2016.

[65] Pitz, J.-O.: Vorausschauender Motion-Cueing-Algorithmus für den Suttgarter Fahrsimulator. Stuttgart, Universität, Dissertation, 2016.

[66] Pretto, P.; Nesti, A.; Nooij, S.; Losert, M.; Bülthoff, H. H.: Variable Roll-Rate Perception in Drivin Simulation. In: Kemeny, A.; Espié, S.; Mérienne, F. (Hrsg.): Driving Simulation Conference Europe 2014 Proceedings. Paris, 2014.

[67] Reid, L. D.; Nahon, M. A.: Flight simulation motion-base drive algorithms: Part 1 – Developing and testing the equations. UTIAS Report 296, University of Toronto, 1985.

[68] Reymond, G.; Kemeny, A.: Motion Cueing in the Renault Driving Simulator. In: Vehicle System Dynamics, 34. Jahrg., 2000, Nr. 4, S. 249-259.

[69] Schalz, J.-P.; Duhr, A.; Marusic, Z.: Subjektiv-objektive Korrelation fahrdynamischer Größen in der Praxis. In: Becker, K. (Hrsg.): Subjektive Fahreindrücke sichtbar machen II. Renningen: Expert Verlag, 2002.

[70] Slashgear: GM Super Cruise self-driving car tech gets virtual playpen. Quelle: https://www.slashgear.com/gm-super-cruise-self-driving-car-tech-gets-virtual-playpen-21325942/, Zugriff am 04. Mai 2017.

[71] Slater, M.; Lotto, B.; Arnold, M. M.; Sanchez-Vives, M. V.: How we experience immersive virtual environments: the concept of presence and its measurement. In: Anuario de Psicologia, 40. Jahrg., 2009, Nr.2, S. 193-210.

[72] Technology Society: Everyone should learn to drive in a driving simulator? Quelle: http://newstechsociety.org/2016/10/03/everyone-learn-drive-driving-simulator/, Zugriff am 03. Mai 2017.

[73] The Mathworks: Produktseite Simulink Real-Time. Quelle: https://www.mathworks.com/products/simulink-real-time.html, Zugriff am 26. April 2017.

[74] Tomaske, W.; Meywerk, M.: Möglichkeiten zur Vermittlung von subjektiven Fahreindrücken mit Fahrsimulatoren. In: Becker, K.; Brill, U. (Hrsg.): Subjektive Fahreindrücke sichtbar machen. Renningen: Expert Verlag, 2006.

[75] van Doornik, J.; Brems, W.; de Vries, E.; Wiedemann, J.: Implementing prediction algorithms to synchronize and minimize latency on a driving simulator. In: Kemeny, A.; Mérienne, F.; Colombet, F.; Espié, S. (Hrsg.): Proceedings of the DSC 2016 Europe VR. Paris, 2016.

[76] Veltena, M. C.: Movement-simulator. Niederlande Patent EP-2-412-496-B1, 24 Juni 2011.

[77] VI Grade: Homepage der Firma VI-Grade. Quelle: http://www.vi-grade.com, Zugriff am 11. November 2016.

[78] Vires Simulationstechnologie GmbH: Homepage des OpenCRG Projekts. Quelle: http://www.opencrg.org, Zugriff am 18. Januar 2017.

[79] Weiß, C.: Control of a Dynamic Driving Simulator: Time-Variant Motion Cueing Algorithms and Prepositioning. Braunschweig, Universität, Diplomarbeit, 2006.

[80] Wichmann, F. A.; Hill, N.: Fitting a better psychometric curve. Quelle: http://matlaboratory.blogspot.de/2015/05/fitting-better-psychometric-curve.html, Zugriff am 01. Februar 2016.

[81] Wichmann, F. A.; Hill, N.: The psychometric function: I. Fitting, sampling, and goodness of fit. In: Perception and Psychophysics, 63. Jahrg., 2001, Nr. 8, S. 1293-1313.

[82] Wiedemann, J.: Fahreigenschaften des Kraftfahrzeuges I, Stuttgart, Universität, Vorlesungsmanuskript, 2016.

[83] Wiesebrock, A.: Ein universelles Fahrbahnmodell für die Fahrdynamiksimulation. Stuttgart, Universität, Dissertation, 2016.

[84] Winner, H.; Hakuli, S.; Lotz, F.; Singer, C.: Handbuch Fahrerassistenzsysteme. Wiesbaden: Springer Vieweg, 2015.

Printed in the United States
By Bookmasters